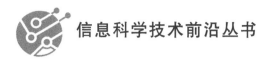

信息科学技术前沿丛书

基于国产嵌入式芯片的
网关设计与实现

于秀丽　李　剑　邢　颖
钱程东　申友志　王迥波　编著

U0282591

北京邮电大学出版社
www.buptpress.com

内 容 简 介

在万物互联的时代,网关是物联网技术的核心设备之一。网关作为边缘设备,应用涉及工业制造、电力、环保、能源、交通、安防、农业、医疗健康、智能家居等多个领域。

本书从网关的基本概念入手,详细阐述了其工作原理、系统组成、类型划分以及在不同网络环境中的作用。书中以基于国产飞腾系列 CPU 的嵌入式系统作为网关的硬件开发平台,详细介绍了其 CPU 资源、开发板硬件接口资源、开发平台的 ARM 指令系统、开发环境等。不仅如此,通过书中丰富的实例,读者将深入了解到网关的开发过程、网关数据库、网关页面设计等知识。

本书适合高等院校开设物联网工程、电子信息与通信、自动控制、人工智能等专业的本科生、研究生以及相关专业的研究人员使用。

图书在版编目（CIP）数据

基于国产嵌入式芯片的网关设计与实现 / 于秀丽等编著． -- 北京 ：北京邮电大学出版社，2025． -- ISBN 978-7-5635-7379-0

Ⅰ．TP332.021

中国国家版本馆 CIP 数据核字第 2024P7U871 号

策划编辑：姚 顺　　责任编辑：姚 顺　　责任校对：张会良　　封面设计：七星博纳

出版发行：北京邮电大学出版社

社　　　址：北京市海淀区西土城路 10 号

邮政编码：100876

发 行 部：电话：010-62282185　传真：010-62283578

E-mail：publish@bupt.edu.cn

经　　　销：各地新华书店

印　　　刷：保定市中画美凯印刷有限公司

开　　　本：787 mm×1 092 mm　1/16

印　　　张：13.75

字　　　数：325 千字

版　　　次：2025 年 1 月第 1 版

印　　　次：2025 年 1 月第 1 次印刷

ISBN 978-7-5635-7379-0　　　　　　　　　　　　　　　　定　价：66.00 元

前　　言

在当今高度互联的世界中,信息的快速传输和准确交互成为推动社会发展的关键力量。而在这背后,网关作为网络架构中的关键组件,默默地发挥着不可或缺的作用。网关具有广泛的连接能力,可以支持不同行业、不同品牌的多种协议设备连接入网实现联网通信。同时,网关具备多种接口,可以支持不同软硬件设备接入,能够实现数据的实时采集以及远程监控与管理。此外,网关可以对网络节点进行管理,如获取节点的标识、状态、属性等,以及实现远程唤醒、控制、诊断、升级和维护。

目前,国内市面上的网关产品大多基于国外 ARM 芯片和 Linux 系统进行设计和开发,具有较大的局限性和安全风险。因此,开发基于国产嵌入式芯片和操作系统的网关对于提升我国的自主研发水平、减轻对国外软硬件的依赖具有重要意义。

本书将主要介绍基于国产飞腾系列芯片的网关设计方法。在书中,详细介绍了飞腾系列 CPU 的硬件资源、开发环境以及部分网关协议的基本原理以及开发方法。作者依托校企合作项目,将网关研发中采用的网关开发框架、网络编程技术、消息队列技术、常用网关协议原理、网关开发中的数据库等基础知识进行了较为详细的论述,有助于读者从开发者的角度去了解网关开发步骤,实现对网关开发全流程内容的学习。具体章节安排如下:

第 1 章主要介绍了网关的概念、网关的类型、网关系统的组成以及网关的开发框架。

第 2 章主要介绍了网关嵌入式系统平台。首先,对国产飞腾芯片进行了简要的介绍;其次,对两种飞腾的嵌入式系统(天坤 IPC2113F 和飞腾双椒派开发板)进行了详解的描述;最后,对飞腾芯片的指令系统进行了详细解析。

第 3 章介绍了网关硬件的接口原理。主要包括通用外设接口、定时器、定时时钟、SD接口等,以及通信外设接口 UART、SPI、I2C、CAN 等。详细介绍了这些外设的基本属性以及运行原理。

第 4 章介绍了网关开发环境。详细描述了开发环境的搭建、U-Boot 启动参数配置、内核与文件系统编译以及交叉编译环境等,并且详细阐述了网关所需开发环境的搭建与实现。

第 5 章介绍了 Linux 常用的系统编程和网络编程方法。具体介绍了 TCP 基本原理、socket 网络编程的方法、线程的基本使用等内容。

第 6 章介绍了网关所涉及的部分协议。具体包括 MQTT、ModbusTCP、OPCUA 等协议和针对电力传输的 IEC61850、IEC104 协议,并分别对其基本原理进行了详细的解析。

第 7 章介绍了数据库的使用。具体讲述了 MySQL 数据库的安装和启动方法、数据库的基本规则以及 C++对数据库的调用,用来实现网关数据的存储和使用。

第 8 章介绍了网关 Web 页面的设计方法。具体包括协议配置界面,日志配置界面等,通过上述界面实现对网关通信过程的监控。

感谢 2024 年第一批产学研合作协同育人项目——基于国产嵌入式的网关设计与实现(231103428131904)的支持。感谢学生董明帅、焦旭阳、马昂,以及飞腾信息技术有限公司的杨威、陈旭、罗玉、张守吉、张波、赵纪元、高翔等在本书编写过程中所给予的帮助。限于作者水平,书中难免存在疏漏及不足之处,敬请广大读者提出宝贵意见。

作　者

目　　录

第 1 章

引　言

1.1　网关的概念

网关是连接两个或多个不同网络的设备或软件,并在这些网络之间传输数据和信息。它的作用类似于一座桥梁,连接了各种类型的网络,例如局域网(LAN)、广域网(WAN)、互联网、传统电话网络等。具体来说,网关有以下几个主要功能和特点。

1. 连接不同网络

网关的主要功能之一是连接不同类型的网络,例如将企业内部的局域网连接到互联网,或者将不同地理位置的局域网连接起来形成一个广域网。

2. 数据转换和协议转换

网关可以执行数据格式的转换,使得来自一个网络的数据可以被另一个网络所理解。它还可以实现不同网络之间通信协议的转换,例如将传统电话网络(如 PSTN)的信号转换为 IP 网络上的数据包。

3. 路由功能

网关通常具有路由功能,可以根据特定的规则将数据包从一个网络传输到另一个网络。网关可以根据目的地址、源地址、网络流量等因素进行路由决策,以确保数据包能够快速、准确地传输到目的地。

4. 安全认证和访问控制

网关可以实施安全认证机制,确保只有经过授权的用户或设备才可以访问网络资源。网关可以对传入和传出的数据进行过滤和检查,以防止网络攻击和未经授权的访问。

5．性能优化和负载均衡

一些高级网关设备还具有性能优化和负载均衡的功能，可以根据网络流量的负载情况，自动调整数据传输的路径和优先级，以确保网络资源的最佳利用和性能表现。

6．日志记录和监控

网关通常会记录网络的流量、事件和活动，并提供监控和报警功能，以帮助网络管理员及时发现和解决网络问题，并对网络性能进行优化。

总的来说，网关在现代网络中扮演着至关重要的角色，它们不仅连接了不同类型的网络，还提供了安全性、性能优化和管理等功能，为网络通信提供了可靠的基础设施。

1.2 网关的类型

在当前生产生活中，不同的场景、不同的需求对网关功能的要求是不一样的。对于不同的场景需求，网关可以分为多种类型，具体有以下几种。

1．网络网关（Network Gateway）

网络网关是连接两个或多个不同网络的设备，用于实现不同网络之间的数据传输和通信。网络网关可以连接局域网、广域网、互联网等不同类型的网络，实现对数据包的路由、转发和安全策略的管理。

2．协议网关（Protocol Gateway）

协议网关用于实现不同通信协议之间的转换和交互，例如将传统电话网络（PSTN）的信号转换为 IP 网络上的数据包，或者将不同厂商设备使用的通信协议进行转换，实现设备间的互联互通。

3．安全网关（Security Gateway）

安全网关用于实施网络安全策略，包括防火墙、入侵检测与防御（IDS/IPS）、虚拟专用网络（VPN）、数据加密、安全认证等功能。安全网关可以保护网络免受未经授权的访问、网络攻击和数据泄露。

4．应用网关（Application Gateway）

应用网关用于连接不同类型的应用程序和服务，实现应用层协议的转换和管理，例如将 HTTP 请求转换为 HTTPS 请求，将 FTP 请求转换为 SFTP 请求等。应用网关可以帮助企业集成和管理多种应用服务，提高应用的安全性和可用性。

5. 物联网网关(IoT Gateway)

物联网网关用于连接物联网设备和传感器到云平台或其他网络中,以实现物联网设备的数据采集、传输和控制。物联网网关可以提供设备管理、数据处理、安全认证等功能,促进物联网应用的发展和部署。

本书将主要介绍协议网关的设计和开发过程。

1.3　网关系统的组成

互联网网关通常由硬件系统和软件系统组成。通常网关的硬件系统包括处理器、内存、网络接口、存储设备以及电源系统等。网关的软件系统包括操作系统、路由协议、安全软件、管理和控制软件等。

1.3.1　网关硬件系统组成

在网关的硬件系统中,处理器(CPU)是网关设备的核心组件之一,负责执行网关设备中各种网络任务的处理,如数据包的转发、路由计算、安全策略的执行等。为了应对网络流量的高负载和复杂的处理需求,现在网关设备多采用多核心、高性能的处理器。

当前网关设备中常用的处理器包括 Intel 处理器、AMD 处理器、飞腾处理器、ARM 处理器以及 MIPS 处理器等。其中,飞腾处理器在设计、制造和应用方面具有自主知识产权,并且在国内外市场得到广泛应用。在本书中将以飞腾系列芯片(FT-1500A/16、FT-1500A/4、FT-2000/4 等)为基础,来介绍基于国产 CPU 的网关设计与开发方法。

进一步地,在网关硬件系统中,除了处理器,还包括内存(RAM),网络接口(Network Interface)、存储设备(Storage Device)、加速器(Accelerator)、电源模块(Power Supply)以及外部接口等。其具体作用如下:

内存(RAM):内存用于存储网关运行时所需的数据和程序,包括操作系统、路由表、缓存数据等。大容量、高速度的内存能够提升网关的运行效率和性能。

网络接口(Network Interface):网关通常配备多个网络接口,用于连接到不同的网络,如以太网接口、光纤接口、无线接口等。这些接口能够支持各种网络连接标准和速率,并具有灵活的配置和管理功能。

存储设备(Storage Device):存储设备用于存储网关的操作系统、配置文件、日志数据等。通常采用固态硬盘(SSD)或闪存存储器,以提供高速的数据读写性能和可靠的数据存储。

加速器(Accelerator):一些高端网关可能会集成专用的加速器,如加密引擎、压缩引擎等,用于加速安全处理、数据压缩等特定任务,以提高网关的性能和效率。

电源模块(Power Supply):电源供应用于为网关提供电力,保证其正常运行。稳定可靠的电源供应是确保网关持续运行的重要保障。

外部接口(External Interfaces):外部接口包括网关与其他设备连接的物理接口,如USB接口、串口、显示接口等。这些接口可以用于连接外部设备或进行管理和配置。

现代网关的硬件系统通常具有高性能、灵活性和可扩展性,能够满足复杂的网络需求和应用场景,并提供安全、稳定的网络服务。

1.3.2 网关软件系统组成

当前网关软件系统的总体架构如图 1-1 所示。

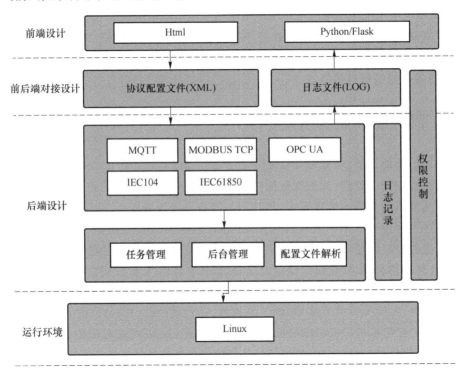

图 1-1 网关软件系统的总体架构

在本书中网关分为前端设计、后端设计、前后端对接设计三个方面,以下分别从这三个方面进行介绍。

前端设计:使用 Python 的 Flask 框架,设置五个协议的 IP、端口号等配置信息,显示五个协议的工作状态和传递数据等运行信息。

后端设计:在 Linux 操作系统上配置各个协议模块,分别是 MQTT、MODBUS TCP、IEC104、OPC UA、IEC61850 协议模块,创建五个线程配置各协议信息,线程之间通过消息队列传递信息,创建日志线程记录各个协议的连接状态、工作状态、退出状态。

前后端对接设计:使用 XML 保存前端设置的协议配置信息,将协议配置信息发送给后端,后端完成配置信息的重新修改。

1.4　本书内容概括

《基于国产嵌入式芯片的网关设计与实现》一书是一本基于国产嵌入式系统的网关设计与开发的专著,旨在帮助读者在了解网关的基本概念、原理、技术和应用的基础上,使用国产飞腾系列芯片进行网关设计。本书主要涵盖以下几个方面:

1. 嵌入式系统概述

介绍嵌入式系统的基本概念、特点和应用领域,阐述国产嵌入式系统在网络设备中的重要性和应用前景。详细介绍国产嵌入式系统的硬件资源、开发方法。对国产嵌入式系统的硬件平台、操作系统、开发工具等进行概述,介绍其技术特点、性能指标和应用范围。

2. 嵌入式系统在网关中的应用

分析国产嵌入式系统在网关设计中的具体应用场景和案例,包括网络连接、数据转换、安全防护、远程管理等方面。

3. 实验与实践案例

阐述基于国产嵌入式系统的网关软件设计方法和实现技术,包括操作系统选择、网络协议栈实现、安全功能集成、性能优化等方面。并且提供一些实验和实践案例,以演示如何利用国产嵌入式系统设计和实现具有特定功能和性能要求的网关设备。

4. 未来发展与趋势展望

展望基于国产嵌入式系统的网关设计在未来的发展趋势和应用前景,分析新技术、新需求对网关设计的影响和挑战。

## 第 2 章

网关嵌入式系统平台概述

2.1　飞腾系列芯片产品概述

飞腾 CPU 主要包括高性能服务器 CPU、高效能桌面 CPU 和高端嵌入式 CPU 三大系列。2020 年上半年,飞腾公司对这三大产品系进行了全面的品牌升级。高性能服务器 CPU 产品线统一以飞腾"腾云 S 系列"命名;高效能桌面 CPU 产品线统一以飞腾"腾锐 D 系列"命名;高端嵌入式 CPU 产品线统一以飞腾"腾珑 E 系列"命名。

2.1.1　高性能服务器 CPU

飞腾高性能服务器 CPU 采用自主研发的高性能处理器核心,提供业界领先的事务处理能力,单位功耗性能适用于高吞吐率、高性能的服务器领域,如行业大型业务主机、高性能服务器系统和大型互联网数据中心等。高性能服务器 CPU 包括 FT-1500A/16、FT-2000＋/64 和腾云 S2500 三种型号。

1. FT-1500A/16 芯片

FT-1500A/16 芯片集成 16 个飞腾自主研发的高能效处理器内核 FTC660,采用乱序四发射超标量流水线,芯片采用片上并行系统(PSoC)体系结构,兼容 64 位 ARMV8 指令集,支持硬件虚拟化。该产品适用于构建较高计算能力和较高吞吐率的服务器产品(如办公业务系统应用/事务处理器、数据库服务器、存储服务器、物联网/云计算服务器等),支持商业和工业分级。FT-1500A/16 芯片主要技术参数如表 2-1 所示。

表 2-1   FT-1500A/16 芯片主要技术参数

类别	参数
处理器内核	FTC660
核数	16
主频	1.5 GHz
一级缓存	32 KB 数据缓存,32 KB 指令缓存
二级缓存	8 MB
三级缓存	8 MB
存储控制器	4 个 DDR3 接口
PCIE 接口	2 个 16 针(每个可分拆为 2 个 8 针)PCIE 3.0 接口
网络接口	2 个 1 000 Mbit/s 以太网调试口
其他接口	1 个 SPI Flash 接口、2 个 UART 接口、2 个 I2C 接口、4 个 GPIO 模块,其中每个模块具有 8 个 GPIO 接口,共计 32 个 GPIO 接口,1 个 LPC 接口
低功耗技术	支持电源关断、时钟关断、DVFS
典型功耗	35 W
封装	FCBGA,引脚 1 944 个
尺寸	42.5 mm×60 mm

2. FT-2000+/64 芯片

FT-2000+/64 芯片集成了 64 个飞腾自主研发的高性能处理器内核 FTC662,采用乱序四发射超标量流水线,芯片采用片上并行系统(PSoC)体系结构。集成高效处理器核心、基于数据亲和的大规模一致性存储结构、层次二维 Mesh 互联网络,优化了存储访问延时,提供计算性能、访存带宽和 IO 扩展能力。该产品适用于高性能、高吞吐率的服务器领域,如对处理能力和吞吐力要求很高的行业大型业务主机、高性能服务器系统和大型互联网中心等。主要应用于计算服务器、存储服务器、防火墙、网络设备、安全产品等。FT-2000+/64 芯片主要技术参数如表 2-2 所示。

表 2-2   FT-2000+/64 芯片主要技术参数

类别	参数
处理器内核	FTC662
核数	64
主频	2.0～2.3 GHz
一级缓存	32 KB 数据缓存,32 KB 指令缓存
二级缓存	32 MB
存储控制器	8 个 DDR4 接口
PCIE 接口	2 个 16 引脚(每个可分拆为 2 个 8 引脚)、1 个 PCIE 3.0 接口

类别	参数
其他接口	1 个 SPI Flash 接口、4 个 UART 接口、2 个 I2C 接口、4 个 GPIO 模块,其中每个模块具有 8 个 GPIO 接口,共计 32 个 GPIO 接口,1 个 LPC 接口
典型功耗	100 W
封装	FCBGA,引脚 3 576 个
尺寸	61 mm×61 mm

3. 腾云 S2500 芯片

腾云 S2500 芯片集成了 64 个飞腾自主研发的高性能处理器内核 FTC663,采用乱序四发射超标量流水线。芯片应用片上并行系统(PSoC)体系结构,通过集成高效处理器核心、基于数据亲和的大规模一致性存储架构、层次式二维 Mesh 互联网络以及多端口高速直连通路,优化了存储访问延时,提供了计算性能、访存带宽和 IO 扩展能力。腾云 S2500 在单核计算能力、单芯片并行性能、单芯片缓存一致性规模、访存带宽等指标上均处于国际先进水平。腾云 S2500 主要应用于高性能、高吞吐率服务器领域,如对处理能力和吞吐能力要求很高的行业大型业务主机、高性能服务器系统和大型互联网数据中心等。腾云 S2500 芯片主要技术参数如表 2-3 所示。

表 2-3　腾云 S2500 芯片主要技术参数

类别	参数
处理器内核	FTC663
核数	64
主频	2.1 GHz
一级缓存	32KB 数据缓存,32KB 指令缓存
二级缓存	32 MB
三级缓存	64 MB
存储控制器	8 个 DDR4 接口,最大支持 3 200 MT/s
PCIE 接口	17 Lane PCIE 3.0 接口,包含 1 个 16 针(每个可分拆为 2 个 8 针)、1 个 1 针
直连接口	集成 4 个直连通路,每个通路包含 4 lane,单 lane 速率 25 Gbit/s,支持 2、4、8 路 CPU 互连
其他接口	4 个 UART、32 个 GPIO 接口、1 个 LPC Master、2 个 I2C master/slave 接口、2 个 I2C slave 控制器、2 个看门狗 WDT、1 个通用 SPI 接口
典型功耗	150 W
封装	FCBGA,引脚 3 576 个
尺寸	61 mm×61 mm

2.1.2 高效能桌面 CPU

飞腾桌面芯片采用自主研发的高能效处理器核心,全芯片性能卓越、功耗适度,最新产品内置硬件级安全机制,能够同时满足信息化领域对性能、能耗比和高安全的应用需求。高效能桌面 CPU 包括 FT-1500A/4、FT-2000/4 和腾锐 D2000 三种型号。

1. FT-1500A/4 芯片

FT-1500A/4 芯片集成了 4 个飞腾自主研发的高能效处理器内核 FTC660,采用乱序四发射超标量流水线,芯片采用片上并行系统(PSoC)体系结构、高效片上网络和高带宽低延迟的存储系统,兼容 64 位 ARMV8 指令集并支持 ARM64 和 ARM32 两种执行模式。

该产品适用于构建各种类型的桌面终端、便携式终端和轻量级服务器等产品,支持商业和工业分级。主要应用产品为台式机、一体机、笔记本电脑、微服务器、嵌入式板卡等。FT-1500A/4 芯片主要技术参数如表 2-4 所示。

表 2-4 FT-1500A/4 芯片主要技术参数

类别	参数
核心	集成 4 个 FTC660 处理器核
主频	1.5～2.0 GHz
二级缓存	8 MB
三级缓存	8 MB
存储控制器	2 个 DDR3 接口
PCIE 接口	2 个 16 针(每个可分拆为 2 个 8 针)PCIE 3.0 接口
网络接口	1 个 10/100/1 000 Mbit/s 自适应以太网接口
其他接口	1 个 SPI Flash 接口,2 个 UART 接口,32 个 GPIO 接口,1 个 LPC 接口,2 个 I2C 接口
低功耗技术	支持电源关断、时钟关断、DVFS
典型功耗	15 W
封装	FCBGA,引脚 1 150 个
尺寸	37.5 mm × 37.5 mm

2. FT-2000/4 芯片

FT-2000/4 芯片集成 4 个飞腾自主研发的新一代高性能处理器内核 FTC663,采用乱序四发射超标量流水线,兼容 64 位 ARMV8 指令集并支持 ARM64 和 ARM32 两种执行模式,支持单精度、双精度浮点运算指令和 ASIMD 处理指令,支持硬件虚拟化。FT-2000/4 从硬件层面增强了芯片的安全性,支持飞腾自主定义的处理器安全架构标准 PSPA,满足更复杂应用场景下对性能和安全可信的需求。FT-2000/4 所有安全相关模块均为飞腾公司自主设计,是首款可在 CPU 层面有效支撑可信计算 3.0 标准的国产 CPU。该产品适用于构建有更高性能、能耗比和安全需要的桌面终端、便携式终端、轻量级服务器和嵌入式低功耗产品,支持商业和工业分级。FT-2000/4 芯片主要技术参数如表 2-5 所示。

表 2-5　FT-2000/4 芯片主要技术参数

类别	参数
核心	集成 4 个 FTC663 处理器核
主频	2.2 GHz、2.6 GHz
二级缓存	4 MB
三级缓存	4 MB
片上存储器	集成 128 KB 片上存储
存储控制器	2 个 DDR4 接口
PCIE 接口	2 个 16 针(每个可分拆为 2 个 8 针)和 2 个 PCIE 3.0 接口
网络接口	2 个 10/100/1 000 Mbit/s 自适应以太网接口
其他接口	1 个 SD/2.0、1 个 HD-Audio、4 个 UART 接口、32 个 GPIO 接口、1 个 LPC、4 个 I2C 接口、1 个 QSPI 接 Flash、2 个通用 SPI 接口、2 个 WDT、3 个 CAN 2.0 接口
安全技术	支持 PSPA 安全标准,支持基于域隔离的安全机制,集成 ROM 作为可信启动根
低功耗技术	支持电源关断、动态频率调整、待机、休眠模式
典型功耗	10 W
封装	FCBGA,引脚 1 144 个
尺寸	35 mm×35 mm

3. 腾锐 D2000 芯片

腾锐 D2000 芯片集成 8 个飞腾自主研发的新一代高性能处理器内核 FTC663,采用乱序四发射超标量流水线,兼容 64 位 ARMV8 指令集并支持 ARM64 和 ARM32 两种执行模式,支持单精度、双精度浮点运算指令和 ASIMD 处理指令,支持硬件虚拟化。腾锐 D2000 是一款面向桌面应用的高性能通用处理器,最高主频 2.3GHz,集成系统级安全机制,能够满足复杂应用场景下的性能需求和安全可信需求,支持商业档和工业档质量等级。该产品适用于构建有更高性能、能耗比和安全需要的桌面终端、便携式终端、轻量级服务器和嵌入式低功耗产品。主要应用在台式机、一体机、笔记本电脑、微服务器、嵌入式板卡等。腾锐 D2000 系列开发板如图 2-1 所示,腾锐 D2000 芯片主要技术参数如表 2-6 所示。

图 2-1　腾锐 D2000 系列开发板

表 2-6　腾锐 D2000 芯片主要技术参数

类别	参数
核心	集成 8 个 FTC663 处理器核
主频	2.0～2.6 GHz
二级缓存	8MB
三级缓存	4MB
片上存储器	集成 128 KB 片上存储
存储控制器	2 个 DDR4 接口
PCIE 接口	2 个 16 针(每个可分拆为 2 个 8 针)和 2 个 PCIE 3.0 接口
网络接口	2 个 10/100/1 000 Mbit/s 自适应以太网接口
其他接口	1 个 SD 2.0、1 个 HD-Audio、4 个 UART、32 个 GPIO 接口、1 个 LPC 接口、4 个 I2C 接口、1 个 QSPI 接 Flash、2 个通用 SPI 接口、2 个 WDT、3 个 CAN2.0 接口
安全技术	支持 PSPA /1.0 安全标准,支持基于域隔离的安全机制,集成 ROM 作为可信启动根
低功耗技术	支持电源关断、动态频率调整、待机、休眠模式
TDP 功耗	26～44W
封装	FCBGA,引脚 1 144 个
尺寸	35mm × 35mm

2.1.3　高端嵌入式 CPU

　　飞腾嵌入式芯片采用自主研发、面向嵌入式行业定制化的处理器核心,具有高安全、高可靠、强实时和低功耗的特点,满足行业终端产品、工业控制领域应用产品需求。高端嵌入式 CPU 包括 FT-2000A/2 和腾珑 E2000 两种型号。

1. FT-2000A/2

FT-2000A/2 芯片集成了 2 个飞腾自主研发的高能效处理器内核 FTC661,采用乱序四发射超标量流水线,芯片兼容 64 位 ARMV8 指令集并支持 ARM64 和 ARM32 两种执行模式,支持单精度、双精度浮点运算指令和向量处理指令。该产品面向各种行业终端产品、嵌入式设备和工业控制领域应用产品的需求,支持商业和工业分级,具备高安全、高可靠、强实时、低功耗等特点。FT-2000A/2 芯片主要技术参数如表 2-7 所示。

表 2-7　FT-2000A/2 芯片主要技术参数

类别	参数
核心	集成两个 FTC661 处理器核
主频	1.0 GHz
二级缓存	1 MB,两核共享
存储控制器	1 个 DDR3 接口
PCIE 接口	1 个 ×8(可分拆为 2 个 ×4)PCIE 2.0 接口
网络接口	2 个 10/100/1 000 Mbit/s 自适应以太网接口、2 个 UART 接口、1 个 SPI 接口、1 个 I2C 接口、32 个 GPIO 接口、1 个 LBC 接口
安全技术	支持基于 TEE 可信执行环境的安全机制
低功耗技术	支持以 Core 为单位的电源关断、动态调频 DFS、时钟关断等低功耗机制
典型功耗	8W(双核);5W(单核)
封装	FCBGA,引脚 896 个
尺寸	31 mm × 31 mm

2. 腾珑 E2000

腾珑 E2000 包括 E2000Q、E2000D、E2000S 三个系列,芯片集成飞腾自主研发的高能效处理器内核,E2000Q 集成 2 个 FTC664 和 2 个 FTC310 内核,E2000D 集成 2 个 FTC310 内核,E2000S 集成 1 个 FTC310 内核,采用乱序四发射超标量流水线,兼容 64 位 ARMV8 指令集并支持 ARM64 和 ARM32 两种执行模式,支持单精度、双精度浮点运算指令和 ASIMD 处理指令,支持硬件虚拟化。该产品面向云终端、行业平板、电力、轨道交通、服务器 BMC、网络设备和智能控制等行业领域和场景,满足复杂多样的产品应用需求,支持商业和工业分级,具备高安全、高可靠、低功耗等特点。腾珑 E2000 主要技术参数如表 2-8 所示。

表 2-8 腾珑 E2000 主要技术参数

类别	参数		
	E2000Q	E2000D	E2000S
核心	集成 2 个 FTC664 和 2 个 FTC310 处理器核	集成 2 个 FTC310 处理器核	集成 1 个 FTC310 处理器核
主频	2.0 GHz、1.5 GHz	1.5 GHz	1.0 GHz
二级缓存	2 MB+256 KB	256 KB	256 KB
片上存储器	集成 512 KB 片上存储	集成 512 KB 片上存储	集成 384 KB 片上存储
视频编解码	H.264/265 解码,2K @ 30 fps	--	JPEG 编码,1080P@15 fps
存储控制器	1 个 DDR4 接口	1 个 DDR4 接口	1 个 DDR4 接口
PCIE 接口	1 个×4(可拆分为 1 个×2 和 2 个×1 或拆分为 4 个×1)和 2 个×1 PCIe3.0 接口	4 个×1 PCIe3.0 接口	2 个×1 PCIe3.0 接口
网络接口	4 个 10/100/1 000 Mbit/s 自适应以太网接口	4 个 10/100/1 000 Mbit/s 自适应以太网接口	3 个 10/100/1 000 Mbit/s 自适应以太网接口
USB 接口	3 个 USB2.0 接口和 2 个 USB3.0 接口(向下兼容 USB2.0)	3 个 USB2.0 接口和 2 个 USB3.0 接口(向下兼容 USB2.0)	3 个 USB2.0 接口
SATA 接口	2 个 SATA3.0 接口	2 个 SATA3.0 接口	--
多媒体接口	2 个 DisplayPort1.4 HBR2 接口和 1 个 I2S 接口	1 个 DisplayPort1.4 HBR2 接口和 1 个 I2S 接口	2 个 DisplayPort1.4 HBR2 接口
其他接口	1 个 SD、1 个 SD/SDIO/eMMC、4 个 PWM、1 个 QSPI、1 个 NandFlash、4 个 UART、16 个 MIO(可配置成 I2C 或 UART)、4 个 SPI_M、96 个 GPIO、1 个 LocalBus、1 个 JTAG_M、2 个 WDT、2 个 CAN FD、1 个 Keypad(8 * 8)	1 个 SD、1 个 SD/SDIO/eMMC、4 个 PWM、1 个 QSPI、1 个 NandFlash、4 个 UART、12 个 MIO(可配置成 I2C 或 UART)、4 个 SPI_M、96 个 GPIO、1 个 LocalBus、1 个 JTAG_M、2 个 WDT、2 个 CAN FD、1 个 Keypad(8 * 8)	1 个 SD/SDIO/eMMC、16 个 PWM、1 个 QSPI、4 个 UART、16 个 MIO(可配置成 I2C 或 UART)、4 个 SPI_M、96 个 GPIO、1 个 oneWire、1 个 ADC、1 个 JTAG_M、2 个 WDT、1 个 SGPIO、1 个 Bus、2 个 PMBus、4 个 I3C
安全技术	支持 PSPA1.0 安全规范,支持基于域隔离的安全机制,集成 ROM 作为可信启动根		
低功耗技术	支持电源关断、时钟关断、DVFS 以及关核、降频操作		
标准版典型功耗	6.4 W	2.2 W	1.5 W
封装	FCBGA,引脚个数 809	FCBGA,引脚个数 705	FCBGA,引脚个数 705
尺寸	25 mm×25 mm	23 mm×23 mm	23 mm×23 mm

2.1.4 飞腾套片 X100

飞腾套片 X100 是一款微处理器的配套芯片,主要功能包括图形图像处理和接口扩展两类。在图形图像处理方面,集成了图形处理加速 GPU、视频解码 VPU、显示控制接口 DisplayPort 以及显存控制器;在接口扩展方面,支持 PCIe3.0、SATA3.0、USB3.1、SD/eMMC、Nandflash、I2S 音频控制器等多种外设接口。飞腾套片 X100 主要技术参数如表 2-9 所示。

表 2-9　飞腾套片 X100 主要技术参数

类别	参数
GPU	300GFLOPS
VPU	支持 4K@30Hz 解码能力,支持 H.264/265、MPEG4、VP8/VP9 等主流视频格式
存储控制器	支持显存容量可达 8GB
显示接口	3 路 DisplayPort1.4 显示接口,其中两路最大分辨率支持 3840×2160@60Hz,一路最大分辨率支持 1366×768@60Hz
PCIE 接口	6X1 和 2X2 PCIE3.0 接口(8Gbit/s),其中 2 X1 与 SATA 复用
USB 接口	8 个 USB3.1 gen1 接口(5Gbit/s)
SATA 接口	4 个 SATA3.0 接口(6Gbit/s)
其他接口	集成 I2S、SD/SDIO/eMMC、UART、GPIO、PWM 等慢速 I/O 接口
安全技术	支持 PSPA1.0 安全规范
低功耗技术	支持电源关断和动态频率调整
TDP 功耗	15W
封装	FCLBGA 封装,引脚个数 997
尺寸	31 mm×31 mm

2.2　飞腾嵌入式系统概述

嵌入式系统是指一种被嵌入在设备或系统内部的计算机系统,人们用它专门设计和开发以满足特定功能应用,全称为嵌入式计算机系统(Embedded Computer System)。通常来说,任何带有微处理器的专用硬件和软件系统都可以被归类为嵌入式系统。更深层次地理解,嵌入式系统是以应用为中心,基于计算机技术,软件可裁剪,适应于应用系统对功能、可靠性、成本、体积、功耗等有更多需求的专用计算机系统。

飞腾嵌入式系统,就是搭载飞腾芯片的嵌入式系统。如天坤 IPC2113F 是一款基于飞腾新一代 4 核处理器的高性能低功耗工控机,采用无风扇设计,板载 FT2000/4 核处理器,支持单通道 DDR4 SODIMM 内存,SSD,并支持 VGA、HDMI 等显示输出,是一款国产自主可控,集高性能、低功耗、高可靠性于一体的高集成度小尺寸工控机,可广泛应用于金融、银行、工业自动化控制、智能交通、医疗设备、仪器仪表、能源、轨交、国防、科研、通信等领域。

基于飞腾 E2000D(S)处理器的卡片式开发板产品飞腾双椒派。它具有体积小、算力高、扩展能力强等优势,可以在有限成本下提供尽量丰富的功能,它具有很高的性价比。主要面向嵌入式开发者,适用于教育、智能制造、边缘计算、物联网等领域。下面以天坤工控机和双椒派开发板为例,介绍相关的硬件资源。

2.2.1　天坤 IPC2113F 硬件资源简介

天坤 IPC2113F(如图 2-2)采用国产化自主可控高性能的飞腾新一代 4 核 FT2000/4 处理器,搭载国产银河麒麟桌面操作系统,信息安全自主可控,可提供强大的处理能力。支持单通道 DDR4 SODIMM 内存插槽,最大内存容量可达 32G,独特的无风扇设计缩小了设备的体积。

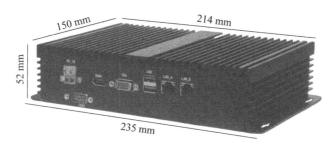

图 2-2　天坤 IPC2113F 实物图

其中的配置信息如下:

- 内存:支持单通道 DDR4 SODIMM 内存插槽,最高工作频率可达 3 200 MHz,最大内存容量可达 32GB。
- 存储:支持 32/64/128/256GB SSD。
- 网口:有线网络,支持 2 路千兆以太网电口,10/100/1 000 Mbit/s 自适应。
- 前面板 I/O 接口:有四个 USB 接口,一个 RS232 串口。
- 后面板 I/O 接口:两个 RJ45 千兆以太网接口,一个 VGA 接口,一个 HDMI 接口以及一个电源接口。
- 硬件保护:有看门狗功能,支持硬件复位功能。
- 软件:国产安全自主可控 BIOS,支持昆仑/百敖 BIOS,操作系统支持银河麒麟桌面版和 UOS 操作系统以及其他主流操作系统。
- 电源:直流电源,支持 DC24V 电源供电。
- 温度:工业级工作温度:−40 ℃～55 ℃,存储温度:−40 ℃～+70 ℃。
- 湿度:工作在 10%～90%;非工作在 5%～95%(非凝结)。

2.2.2 双椒派开发板硬件资源简介

双椒派开发板是基于飞腾 E2000D 处理器的开发板,主要面向教育领域,在有限的成本下提供尽量丰富的功能。CPU 内含一个当前主流的 ARM V8 内核,主频 1.5 GHz,内存 4 GB,并且具有 USB2.0、以太网、Wi-Fi 等高速接口,以及 GPIO、串口、I2C 等常见低速接口。低速接口所在的 40pin 连接器与树莓派基本兼容,以利用现有的扩展模块。双椒派硬件参数如表 2-10 所示,开发板结构图如图 2-3 所示。

表 2-10 双椒派开发板硬件参数

类别	参数
CPU	飞腾腾珑 E2000D
指令架构	ARM V8
内存	DDR 4GB
FLASH	SPI FLASH 16MB
储存卡	TF(MicroSD)卡插座
通用 I/O	40pin 通用连接器,包括 3x SPI,4xUART 串口(其中两个与 I2C 复用),2xI2C,2xPWM 输出,24xGPIO(与前述接口复用),5 V 电源,3.3 V 电源
以太网口	10/100/100M 以太网,RJ45 接口,第二网口从 SATA 插座引出,与 SATA 复用
USB3.0	USB3.0 Type-A 接口 2 个或 PCIE Gen3x1 接口 2 个
USB2.0	USB2.0 Type-A 接口 2 个
SATA	SATA3.0 接口
Wi-Fi/蓝牙	Wi-Fi2.4G/5G 802.11b/g/n/ac,蓝牙 4.0
CANBUS	CAN-FD 接口 2 个针座
JTAG	JTAG 测试焊盘
音频输入	双声道音频输入、输出,针座
电源输入	5 V 电源输入 5.5x2.5 圆插座
功耗	<15 W
电源	5 V/3 A(不包含外接 USB 设备功耗)
板卡尺寸	113 mm×72 mm×20 mm
工作温度	0~70 ℃

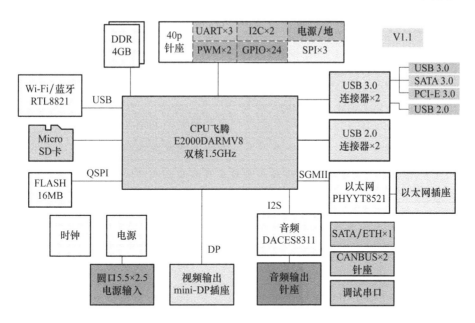

图 2-3　双椒派开发板结构图

双椒派开发板接口及对应模块如表 2-11 所示。

表 2-11　双椒派开发板接口及对应模块表

接口编号	模块名称	接口编号	模块名称
1	40Pin 低速信号针	8	音频插座
2	FLASH 烧写插座	9	SATA 插座
3	电源指示灯	10	电源插座
4	以太网插座	11	MicroSD 卡座（背面）
5	USB3.0 插座	12	CANBUS
6	USB2.0 插座	13	调试串口
7	MiniDP 插座	14	天线插座

1. 40 Pin 低速信号针

所有低速接口合并成一个 40 pin 双排针插座，间距 2.54 mm，其引脚分配和两侧固定孔的位置都尽量和树莓派保持兼容。其引脚号及引脚名如表 2-12 所示。

2. FLASH 烧写插座

板上预留了 8 脚的 PH2.0 连接器用于烧写 FLASH 芯片，就是简单地把 FLASH 芯片的全部 8 个引脚引出，可以连接到支持"在系统烧写（ISP）"功能的编程器。其引脚定义以及功能如表 2-13 所示。

表 2-12　引脚名与引脚号

引脚号	引脚名	引脚号	引脚名
1	3.3 V 输出	21	SPIM2_RXD/MDC0/LBC_CS_N4/GPIO3_5
2	5 V 输出/输入	22	NF_CLE/SD0_DATA 7/LBC_CS_N7/GPIO4_5
3	NF_RB_N1/JTAGM_TDO/MIO9_B/LBC_RB_N3/GPIO5_1	23	SPIM2_SCLK/SPIS_SCLK/TACH11/MDC1/GPIO3_3
4	5 V 输出/输入	24	SPIM2_CSN0/MDIO0/LBC_CS_N5/GPIO3_6
5	NF_CE_N1/JTAGM_TDI/MIO9_A/LBC_RB_N2/GPIO5_0	25	GND
6	GND	26	UART2_RTS_N/PCIE0_PRSNT3/SPIM2_CSN1/MIO10_B/GPIO3_2
7	NF_DATA4/SPIM0_CSN2/LBC_CLK/GPIO4_11	27	SE_GPIO26/MIO6_B/GPIO2_4
8	SE_GPIO9/PWM1/GPIO0_15	28	SE_GPIO25/MIO6_A/GPIO2_3
9	GND	29	NF_WEN_CLK/SD0_DATA5/LBC_RB_N7/GPIO4_3
10	UART2_RXD	30	GND
11	LBC_ALE/RGMII0_TXD0/SPIM3_SCLK/GPIO5_12	31	SD0_CLK/GPIO4_1
12	UART2_TXD/PCIE0_PRSNT2/SPIM2_CSN3/GPIO3_0	32	SE_GPIO11/PWM2/GPIO1_1
13	LBC_CS_N0/RGMII0_TXD1/SPIM3_TXD/GPIO5_13	33	SE_GPIO7/PWM0/GPIO0_13
14		34	GND
15	LBC_CS_N1/RGMII0_RXD0/SPIM3_RXD/GPIO5_14	35	NF_DATA 1/SD0_WP_N/SPIM0_RXD/LBC_WE_N1/GPIO4_8
16	NF_REN_WRN/SD0_DATA6/LBC_CS_N6/GPIO4_4	36	NF_DATA3/PCIE1_PRSNT/SPIM0_CSN1/LBC_PAR1/GPIO4_10
17	3.3V 输出	37	NF_DATA5/PCIE2_PRSNT/SPIM0_CSN3/LBC_CS_N2/GPIO4_12
18	NF_DATA2/SPIM0_CSN0/LBC_PAR0/GPIO4_9	38	NF_DATA0/SD0_VOLT1/SPIM0_TXD/LBC_WE_N0/GPIO4_7
19	SPIM2_TXD/MDIO1/LBC_RB_N5/GPIO3_4	39	GND
20	GND	40	NF_ALE/SPIM0_SCLK/LBC_BCTL/GPIO4_6

表 2-13 8 个引脚定义以及功能

引脚编号	引脚名称	功能描述
1	CS♯	片选,低电平有效
2	SO/IO1	串行输出或者 IO1
3	WP/IO2	写保护或者 IO2
4	VSS	GND
5	SI/IO0	串行输入或者 IO0
6	SCK	串行时钟
7	IO3/RST♯	复位或者 IO3
8	VDD	3.3V 电源

3. 电源指示灯

灯光指示电源开关。

4. 以太网插座

以太网插座是标准的 RJ45 连接器,连接双绞线网线,引脚分配这里从略,位号 J4。

5. USB3.0 插座

USB3.0 插座提供标准的 USB3.0 信号,也提供 USB2.0 信号,USB3.0 信号可配置为 PCI-E 信号。这个连接器是上下重叠的双 USB 口,每个口对应 9 个信号线。本插座位号为 J5,目前采用 TXGA 公司的 FUS327-FDBU1K 连接器,引脚定义以及功能如表 2-14 所示。

表 2-14 引脚定义以及功能

引脚编号	引脚名称	功能描述
1	VBUS	电源
2	D-	USB2.0 数据
3	D+	
4	GND	GND
5	StdA_SSRX-	U3P0_RXN 或 PCIE2_RXN
6	StdA_SSRX+	U3P0_RXP 或 PCIE2_RXP
7	GND_DRAIN	GND
8	StdA_SSTX-	U3P0_TXN 或 PCIE2_TXN
9	StdA_SSTX+	U3P0_TXP 或 PCIE2_TXP
10	VBUS	电源
11	D-	USB2.0 数据
12	D+	

续 表

引脚编号	引脚名称	功能描述
13	GND	GND
14	StdA_SSRX-	U3P1_RXN 或 PCIE1_RXN
15	StdA_SSRX+	U3P1_RXP 或 PCIE1_RXP
16	GND_DRAIN	GND
17	StdA_SSTX-	U3P1_TXN 或 PCIE1_TXN
18	StdA_SSTX+	U3P1_TXP 或 PCIE1_TXP

6. USB2.0 接口

其中两个从 USB2.0 Type-A 插座引出,支持 OTG,一个用来连接板上内置的 Wi-Fi/蓝牙模块。本插座位号为 J7,目前采用 TXGA 公司的 FUS208-FDBW3K 连接器,引脚定义以及功能如表 2-15 所示。

表 2-15 引脚定义以及功能

引脚编号	引脚名称	功能描述
1	5V	5V 电源输出
2	D-	USB2_P2_DM
3	D+	USB2_P2_DP
4	GND	GND
5	5V	5V 电源输出
6	D-	USB2_P3_DM
7	D+	USB2_P3_DP
8	GND	GND

7. MiniDP 插座

标准的显示输出插座,本板包含 1 个数据 lane 和一个 AUX lane,连接器定义为标准定义,这里从略,位号为 J8。

8. 音频输入输出插针

音频信号是从本板 SATA 和 mini-DP 口之间的插针,包括右声道输出、左声道输出、话筒输入、地三个信号,交流耦合。位号为 J11,三角形标记为第 1 脚,引脚定义以及功能如表 2-16 所示。

表 2-16　引脚定义以及功能

引脚编号	引脚名称	功能描述
1	OUT_L	左声道输出
2	OUT_R	右声道输出
3	MIC_IN	音频输入
4	GND	低

9. SATA 插座

可以连接 SATA 接口的硬盘。本板没有提供硬盘的电源,需要用户自行为硬盘供电。这个 SATA 信号还可以通过修改软件配置为 SGMII 接口,如果外部连接一个以太网物理层接口芯片(PHY 芯片),则可以扩展出第二路以太网。

10. 电源插座

电源插座用于提供 5V 电源,正常情况采用 2 安培的电源即可,可以用普通的手机充电器供电。在外接大功率的设备,如 USB 口的 AI 加速棒时,需要采用 3~4A 输出电流的电源,位号为 J9。

11. MicroSD 卡接口

本板有一个 MicroSD 卡(或者称为 TF 卡)插座,支持 SD3.0 协议,用于存储操作系统。

12. CANBus

本板有两路 CANBus 接口,支持 CAN2.0 协议和 CAN FD 协议,板上没有收发器,需要用户自己扩展。引出到板边的针座。位号为 J6,三角形标记为第 1 脚,这个插座没有地信号,需要用户从其他插座引地线,这里的信号不是差分信号,地是必需的。引脚定义以及功能如表 2-17 所示。

表 2-17　引脚定义以及功能

引脚编号	引脚名称	功能描述
1	CAN1_TX	CANBUS 控制器 1,发送
2	CAN1_RX	CANBUS 控制器 1,接收
3	CAN0_TX	CANBUS 控制器 0,接收
4	CAN0_RX	CANBUS 控制器 0,发送

13. 调试接口

本板有一个调试串口,一般用于在显示器和网口未准备好时调试板卡。电平为 3.3

V LVCMOS 电平,习惯称为 TTL 串口。位号为 J70,靠近 J70 字样的是 1 脚,引脚定义以及功能如表 2-18 所示。

表 2-18　引脚定义以及功能

引脚编号	引脚名称	功能描述
1	P3V3	3.3V 电源输出
2	DEBUG_UART1_RXD	串口发送
3	DEBUG_UART1_TXD	串口接收
4	GND	地

14. 天线插座

Wi-Fi 和蓝牙(BT)模块共用一个天线插座,插座形式为 IPEX 1 代,建议使用 2.4GHz/5.8GHz 双频,Wi-Fi 和蓝牙二合一天线。位号 J2。

2.2.3　双椒派开发板的开发环境

双椒派开发板的开发环境如下:
操作系统:Debian 10 或 Ubuntu 18.04 或银河麒麟操作系统。
Linux 内核:4.19.115
OpenCV:3.4.13
Gstreamer:1.14.4
编译工具链 gcc/g++:8.3
python:2.7/3.7

2.3　飞腾处理器指令系统

计算机系统是由计算机硬件和计算机软件两部分组成。计算机要完成对数据的运算、加工、处理工作,必须有系统软件和应用程序的支持,而计算机程序是一系列指令的有序的集合。指令是让计算机完成某种操作的命令,指令的集合称作指令系统。在本小节中,我们将深入探讨飞腾处理器指令系统的关键组成部分。首先,我们介绍了权限级模型,阐述了 CPU 在不同权限级别下的运行状态和能力,包括 EL0 至 EL3 四种权限级的功能和用途。接着,我们讨论了异常模型,详细说明了由内部或外部原因引发的异常事件如何导致 CPU 中断当前指令流、进行权限级切换和异常响应的过程,以及同步异常和异步异常的区别。此外,我们还介绍了寄存器的概念,包括通用寄存器、特殊寄存器等在飞腾处理器中的作用和用途。最后,我们对 ARMv8 指令集进行了详细介绍,强调了其与飞腾处理器兼容性和支持的执行模式,以及新增的指令集和功能模块,为读者提供了对飞腾处理器指令系统的全面理解。

2.3.1 权限级模型

1. 基本概念

CPU 在运行时都会处于一个权限级中。一般而言,CPU 可以支持多个权限级,CPU 可以运行在不同的权限级上,但是在一个时间点上只能处于其中一个权限级上。当 CPU 处于低权限级时,CPU 的权限能力比较低,即可以执行的指令类型和数量较少,访问的寄存器类型和数量也比较少,可以访问的物理和虚拟地址范围也受限。当 CPU 处于高权限级时,CPU 不仅具有较高的权限能力,同时也可以定制低权限级的访问能力。

飞腾 CPU 支持四种权限级 EL0、EL1、EL2、EL3(如图 2-4 所示):

- EL0 是应用级权限,权限最低,CPU 主要运行应用软件;
- EL1 是特权级,CPU 主要运行 Linux 操作系统内核软件;
- EL2 是超特权级,CPU 主要运行虚拟机监控器软件,主要用于虚拟机的创建和管理;
- EL3 是安全级,也是最高权限级,CPU 主要运行安全监控软件。

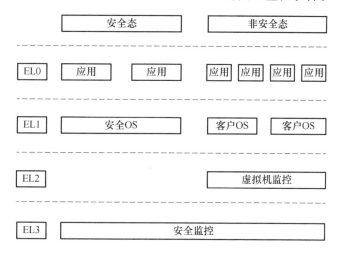

图 2-4　飞腾 CPU 支持四种权限级

大部分飞腾 CPU 系统寄存器的命名都有一个权限级 ELx(x＝0/1/2/3)后缀,表示允许操作该寄存器的最低权限级。例如中断状态寄存器 ISR_EL1,除了 EL0 权限级不能访问,其他都可以访问。在权限级 EL1/2/3 下,软件可以通过读取当前权限级寄存器 CurrentEL,来识别当前的权限级。

2. 权限级切换

有且只有 CPU 触发异常时,CPU 才可能从低权限级到高权限级的切换,当异常触发时,CPU 的权限级要么升高,要么不变,一定不会降低。CPU 从高权限级到低权限级切换,只需要异常返回就可以实现,当异常返回时,CPU 的权限级要么降低,要么不变,一定不会升高。(需要注意,在 EL0 级异常触发后,飞腾 CPU 的权限级一定会升高。)

在异常触发或者异常返回之后,CPU 进入新的权限级之前的这段过程,称之为"权限级切换"过程。飞腾 CPU 在异常触发后切换到新的权限级之前,飞腾 CPU 会将发生异常时的处理器状态和异常返回地址分别自动保存起来,这过程会用到两类寄存器:

(1) 32 位的保存处理器状态寄存器

保存处理器状态寄存器是一个处理器状态记录寄存器,记录了最近一次异常发生时的处理器状态。

(2) 64 位的异常链接寄存器

异常链接寄存器根据异常类型来保存异常返回地址,例如页故障异常,就保存触发异常的访存指令地址;如果是系统调用,就保存触发异常指令的下一条指令地址。

飞腾 CPU 提供了三组保存处理器状态寄存器 SPSR_EL1/2/3 和异常连接寄存器 ELR_EL1/2/3。当异常触发要进入权限级 ELx 时,SPSR_ELx 和 ELR_ELx 就会自动被 CPU 使用。例如飞腾 CPU 在 EL0 权限级下进行系统调用,即自陷指令 SVC 触发系统调用异常,CPU 先会自动将在 EL0 时的状态保存在寄存器 SPSR_EL1 中,并将返回地址保存在寄存器 ELR_EL1 中,最后才进入 EL1 权限级。

在权限级 ELx 运行的飞腾 CPU,一旦调用异常返回指令 ERET,飞腾 CPU 会在跳转到异常链接寄存器 ELR_ELx 指定的地址之前,并将 CPU 恢复到保存处理器状态寄存器 SPSR_ELx 记录的状态。需要说明的是,异常返回指令 ERET 执行之前,系统软件可以根据需要修改这两个寄存器。

3. 安全态

除了权限级,飞腾 CPU 的运行状态,还有另一个维度描述,即安全态和非安全态。非安全态下,CPU 主要用于通用软件,如可用于虚拟机、云平台等应用场景;安全态下,CPU 主要用于运行可信度量、安全认证、密钥服务等安全软件。

飞腾 CPU 在非安全态下,支持 EL0/1/2 三个权限级;当飞腾 CPU 在安全态下,只支持 EL0/1/3 三个权限级,不支持 EL2,主要是考虑在安全态下的软件比较紧凑,一般不会用到虚拟机。安全态和非安全态的状态切换,只能通过权限级 EL3 来实现。也就是说,只有在权限级 EL3 时,飞腾 CPU 才可以通过安全态配置寄存器 SCR_EL3,直接实现安全态和非安全态的切换。非安全态 EL0 不能通过一次权限切换直接进入安全态 EL1。安全态 EL0 也不能通过一次权限切换直接进入非安全态 EL1。

2.3.2 异常模型

1. 基本概念

由于内部或外部原因,CPU 会中断当前指令流,在指定的地址上,开始执行新的指令流。整个过程分为三个阶段：异常触发、权限级切换和异常响应。这个过程一般称之为中断。根据权限级模型，异常触发和异常返回是权限级切换的触发条件。异常触发的权限级切换就可以完整描述为从源权限级到目标权限级的过渡过程：异常触发时 CPU 所处的权限级为源权限级和在异常响应运行时 CPU 所处的目标权限级。

根据触发异常的条件，异常通常分为同步异常和异步异常。

- 同步异常是指，异常触发与当前执行的指令有因果关系。
- 异步异常是指，异常触发与当前执行的指令无因果关系。

下面通过一个实例来解释异常模型的基本概念和两种异常，假设你正在使用一台计算机编写一个程序。在编写过程中，你需要从一个文件中读取数据并将其打印到屏幕上。在执行过程中，发生了两种类型的异常：

（1）同步异常：当你尝试读取文件时，发现文件不存在。这种情况下，异常触发与当前执行的指令有因果关系，因为异常的发生是由于当前操作（尝试读取文件）引起的。在这种情况下，系统会立即停止当前执行的指令流，进行异常处理，例如显示错误消息并结束程序运行。

（2）异步异常：在你的计算机运行程序时，突然断电了。这种情况下，异常触发与当前执行的指令无因果关系，因为异常的发生是由于外部因素（例如断电）引起的。在这种情况下，系统会立即中断当前的指令流，并执行一些紧急操作，例如保存程序状态或者进行系统恢复，然后重新启动系统。

在这个例子中，同步异常和异步异常展示了异常触发的两种情况。同步异常是由当前执行的指令引起的，而异步异常是由于外部因素引起的，与当前指令无关。

2. 同步异常

触发同步异常的常见原因有：

- CPU 提供的专用自陷指令，用于软件主动触发同步异常；
- 缺页。在某个页面的虚拟地址上进行数据访问或指令读取时，该虚拟页面没有映射相应的物理页帧时，CPU 会触发缺页异常；
- 对齐异常。某些 RISC 体系结构 CPU 有对齐要求，可能来自数据地址对齐要求，也可能来自指令地址对齐要求；
- 超出受限范围操作，即当 CPU 处于低权限级时，超出受限范围执行指令、访问寄存器或地址时，CPU 也会触发相应的异常。

当同步异常触发后，飞腾 CPU 提供了三个异常类型寄存器 ESR_ELx，其中 x=1/2/3，用于进一步查明触发同步异常的原因。

3. 系统调用指令

飞腾 CPU 提供了 SVC、HVC 和 SMC 三个专用的自陷指令，如图 2-5 所示。在 EL0 权限级时，只能运行 SVC 指令触发异常进入 EL1，不能运行 HVC 和 SMC 指令；HVC 指令仅仅供非安全态 EL1/EL2 触发进入 EL2 的自陷异常。SVC 指令的软件使用场景如下:Linux 操作系统内核软件在权限级 EL1 上运行,应用软件和 C 库都在权限级 EL0 级上运行,C 库使用 SVC 指令实现了系统调用的应用级 C 语言封装。

HVC 指令的软件使用场景如下:虚拟机管理工具软件,例如 qemu,在权限级 EL0 上运行;该管理工具软件通过操作系统内核实现与虚拟机监控软件通信,例如,kvm 内核模块实现了这两部分软件。最终实现虚拟机管理功能。

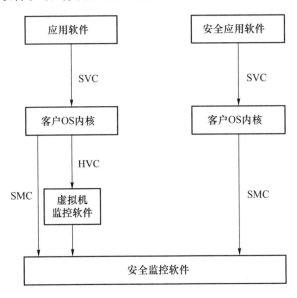

图 2-5 飞腾 CPU 自陷指令

4. 异步异常

异步异常(中断)是由处理器外部的 I/O 设备中的事件产生的。有一类异步异常虽然和 CPU 执行指令无关,但是与 CPU 内部有关,例如 CPU 缓存块的奇偶校验错,片上网络传输故障等。这类异步异常称之为系统错误。

被经常提到的一类异步异常就是由通用中断控制器 GIC 控制和触发的异常。例如当外部设备完成一次 DMA 数据传输或者 DMA 传输发生错误时,就会通过通用中断控制器 GIC,最终触发 CPU 异常;在多核处理器中,某个 CPU 也会通过通用中断控制器 GIC,最终触发另一个 CPU 异常。这类异步异常又被称为中断。

虽然 GIC 架构并不属于 ARMv8 体系结构定义的范畴,但 ARMv8 体系结构将这类的中断分为两类:一类是常规 IRQ 中断;另一类是快速 FIQ 中断。当前 Linux 操作系统将 GIC 管理的所有中断全部定义为 IRQ 类型的中断。

5. 通用中断控制器

目前 GIC 架构有 4 个版本,其中 GICv3 是目前服务器芯片的主流版本。通用中断控制器 GIC 主要包括分发器和 CPU 接口两部分。

全系统共享分发器,它会接收全系统的所有中断源,控制每个中断源的属性,并决定哪些中断应该路由给哪个 CPU。分发器还会将中断源分为两个优先级组:普通 IRQ 和快速 FIQ;这种优先级划分有一个基本的原则是:安全态 EL3 和 EL1 软件需要访问的外设,中断一般采用高优先级。

每个处理器独占私有的 GIC CPU 接口;CPU 可以通过自己的 GIC CPU 接口,控制中断状态。软件可以通过该接口获取硬件中断号,中断有 4 种类型:SGI、PPI、SPI 和 LPI。

SGI 中断号 0~15,这类中断是软件写分发器的软件生成中断寄存器 GICD_SGIR 产生的,通常用于实现处理器之间的中断 IPI。

PPI 中断号 16~31,这类中断是每个处理器的私有组件产生的,例如定时器中断,每个处理器都有各自私有定时器,每个私有定时器使用相同的硬件中断号,只能给自己的处理器发中断。

SPI 中断号 32~1020,这类中断是所有处理器共享的外设中断,这类中断一般是边沿触发或电平触发的。

LPI 是基于消息的中断。

GIC 架构并不属于 ARMv8 体系结构定义的范畴,因此,GIC 的控制寄存器不属于 CPU 系统寄存器范畴,属于外设寄存器范畴。访问 GIC 寄存器和访问外设寄存器的方式相同,首先要将 GIC 寄存器的物理地址映射到 Linux 内核虚拟地址,然后进行读写操作。所有处理器可以访问分发器的控制器寄存器。每个处理器使用相同的物理地址,只能访问自己私有的 GIC CPU 接口寄存器。

6. 异常响应向量表

一旦异常触发,权限级发生切换后,CPU 进入目标权限级。无论目标权限级是否升高,还是不变,CPU 都从指定的地址开始执行;这个指定的起始地址称为异常响应入口点。目标权限级一般会有多个异常响应入口点;多个异常响应入口点的集合就称为异常响应向量表。处理器一般会有一个专门的寄存器来保存异常响应向量表起始地址。因此当 CPU 切换进入目标权限级之前,先判断异常类型、源权限级和目标权限级,并在异常响应向量表中找到正确的入口点,然后跳转到该入口点执行。

除了 EL0 权限级,其他的权限级都具有响应异常能力,因此,针对权限级 EL1/2/3,飞腾 CPU 都有一个专门的异常响应向量表起始地址寄存器 VBAR_ELx,指向异常响应向量表的起始地址。如果 CPU 开启了地址翻译功能,即 MMU 使能,这个起始地址为虚拟地址。

因此,权限级 EL1/2/3,在内存中都有自己的异常响应向量表,组织结构都相同,如表 2-19 所示。根据源权限级和目标权限级的情况,异常响应向量表分为四组,每一组都包含了同步异常、IRQ 中断、FIQ 中断和系统错误四个入口点,每入口点之间的长度为 128 字节,因为每条指令占用 4 字节,所以一共可以容纳 32 条指令。

表 2-19 异常响应向量表

源权限级	细分条件		地址偏移量
与目标权限级别相同	堆栈寄存器 SP_ELO	同步异常	0x000
		IRQ 中断	0x080
		FIQ 中断	0x100
		系统错误	0x180
	堆栈寄存器 SP_ELx	同步异常	0x200
		IRQ 中断	0x280
		FIQ 中断	0x300
		系统错误	0x380
低于目标权限级	源权限级 CPU 位宽为 64	同步异常	0x400
		IRQ 中断	0x480
		FIQ 中断	0x500
		系统错误	0x580
	源权限级 CPU 位宽为 32	同步异常	0x600
		IRQ 中断	0x680
		FIQ 中断	0x700
		系统错误	0x780

如表 2-19 所示,前两组是源权限级和目标权限级相同,虽然异常触发了权限级切换,但是权限级并没有发生变化,这两组之间的主要区别在堆栈寄存器的选择不同。后两组是源权限级比目标权限级低,这两组之间的主要区别是源权限级的 CPU 位宽,源权限级 64 位 CPU 位宽 AArch64 为一组,32 位 CPU 位宽 AArch32 为一组。

当源权限级比目标权限级低,且 CPU 位宽 64 位的源权限级触发异常时,CPU 位宽 64 位的目标权限级才能响应,而 CPU 位宽 32 位的目标权限级不能响应。当源权限级比目标权限级低,且 CPU 位宽 32 位的源权限级触发异常时,CPU 位宽 64 位或 32 位的目标权限级都能响应。

2.3.3 寄存器

寄存器的功能是存储二进制代码,它是由具有存储功能的触发器组合起来构成的。一个触发器可以存储 1 位二进制代码,故存放 n 位二进制代码的寄存器,需用 n 个触发器来构成。在 ARM64 架构下,CPU 提供了 33 个寄存器,寄存器及其说明如表 2-20 所示,其中前 31 个(0～30)是通用寄存器(General-purpose Integer Registers),最后 2 个(31,32)是专用寄存器(sp 寄存器和 pc 寄存器)。

表 2-20　寄存器及其说明表

寄存器	说明
X0～X7 寄存器	传递参数和保存返回值
X8 寄存器	保存子程序的返回值
X9～X28 寄存器	一般寄存器,无特殊用途
x29(FP)寄存器	用来保存栈底地址
X30(LR)寄存器	用来保存返回地址
X31(SP)寄存器	用来保存栈顶地址
X32(PC)寄存器	用来保存当前执行的指令的地址

2.3.4　ARMv8 指令集

飞腾芯片兼容 64 位 ARMv8 指令集并支持 ARM64 和 ARM32 两种执行模式。ARMv8 架构继承了 ARMv7 与之前处理器技术的基础,除了对现有的 16/32bit 的 Thumb2 指令支持外,也向前兼容了现有的 A32(ARM32bit)指令集,基于 64bit 的 AArch64 架构,除了新增 A64(ARM 64bit)指令集外,也扩充了现有的 A32(ARM 32bit) 和 T32(Thumb2 32bit)指令集,另外还新增加了 CRYPTO 模块支持。本小节将对 ARMv8 指令集从指令基本格式、寻址方式、指令分类、数据处理指令、数据交换指令、移位指令(操作)、协处理器指令和异常产生指令等各方面进行详细介绍。

1. 指令基本格式

ARM 指令使用的是三地址码,它的基本格式如下:

```
< opcode >{< cond >}{S}< Rd >,< Rn >,< shifter_operand >
```

上述标识符以及具体功能见表 2-21 所示。

表 2-21　标识符以及其功能表

标识符	功能
opcode	操作码,即助记符,说明指令需要执行的操作类型
cond	指令执行条件码,在编码中占 4bit,0b0000 -0b1110
S	条件码设置项,决定本次指令执行是否影响 PSTATE 寄存器响应状态位值
Rd	目标寄存器,A64 指令可以选择 X0-X30 或 W0-W30
Rn	第一个操作数的寄存器,与 Rd 一致,不同指令有不同要求
shifter_operand	第二个操作数,可以是立即数,寄存器 Rm 和寄存器移位方式

2. 寻址方式

寻址方式如表 2-22 所示:

表 2-22　寻址方式

类型	立即数偏移	寄存器偏移	扩展寄存器偏移
基址寄存器(无偏移)	{base{,♯0}}		
基址寄存器(+偏移)	{base{,♯imm}}	{base,Xm{,LSL♯imm}}	[base,Wm,(S|U)XTW{♯imm}]
Pre-indexed(事先更新)	[base,♯imm]!		
Post-indexed(事后更新)	[base,♯imm]	{base},Xm	
PC-相对寻址	label		

3. 指令分类

指令主要分为跳转指令、异常产生指令、系统寄存器指令、数据处理指令、load/store内存访问指令和协处理器指令,其详细说明见表 2-23 所示。

表 2-23　指令分类及其说明表

类型	说明
跳转指令	条件跳转、无条件跳转(♯imm、register)指令
异常产生指令	系统调用类指令(SVC、HVC、SMC)
系统寄存器指令	读写系统寄存器,如:MRS、MSR指令,可操作PSTATE的位段寄存器
数据处理指令	包括各种算数运算、逻辑运算、位操作、移位(shift)指令
load/store 内存访问指令	load/store{批量寄存器、单个寄存器、一对寄存器、非-暂存、非特权、独占}以及load-Acquire、store-Release指令(A64没有LDM/STM指令)
协处理器指令	A64没有协处理器指令

4. 数据处理指令

数据处理指令可分为数据传送指令、算术逻辑运算指令和比较指令等。数据传送指令用于在寄存器和存储器之间进行数据的双向传输。算术逻辑运算指令完成常用的算术与逻辑的运算,该类指令不但将运算结果保存在目的寄存器中,同时更新 CPSR 中的相应条件标志位。比较指令不保存运算结果,只更新 CPSR 中相应的条件标志位。因此常见的数据处理指令共 16 条,下面将逐一介绍。

(1) MOV 指令

- 指令格式:MOV{条件}{S}目的寄存器,源操作数
- 指令功能:MOV 指令可完成从另一个寄存器、被移位的寄存器或将一个立即数加载到目的寄存器,即将源操作数(字节或字)传送到目的地址。其中 S 选项决定指令的操作是否影响 CPSR 中条件标志位的值,当没有 S 时指令不更新 CPSR 中条件标志位的值。
- 指令示例:

```
MOV R1,R0              ;将寄存器 R0 的值传送到寄存器 R1
MOV PC,R14             ;将寄存器 R14 的值传送到 PC,常用于子程序返回
MOV R1,R0,LSL#3        ;将寄存器 R0 的值左移 3 位后传送到 R1
```

（2）MVN 指令

- 指令格式:MVN{条件}{S} 目的寄存器,源操作数
- 指令功能:MVN 指令可完成从另一个寄存器、被移位的寄存器或将一个立即数加载到目的寄存器,即先将数据取反,然后再赋值给寄存器。与 MOV 指令不同之处是在传送之前按位被取反了,即把一个被取反的值传送到目的寄存器中。其中 S 决定指令的操作是否影响 CPSR 中条件标志位的值,当没有 S 时指令不更新 CPSR 中条件标志位的值。
- 指令示例:

```
MVN R0,#0      ;将立即数 0 取反传送到寄存器 R0 中,完成后 R0 = -1
```

（3）CMP 指令

- 指令格式:CMP{条件} 操作数 1,操作数 2
- 指令功能:CMP 指令用于把一个寄存器的内容和另一个寄存器的内容或立即数进行比较,同时更新 CPSR 中条件标志位的值,即执行操作数 1 中减去操作数 2 的隐含减法操作,并且不修改任何操作数。该指令进行一次减法运算,但不存储结果,只更改条件标志位。标志位表示的是操作数 1 与操作数 2 的关系(大、小相等),例如,当操作数 1 大于操作数 2,则此后的有 GT 后缀的指令将可以执行。
- 指令示例:

```
CMP R1,R0      ;将寄存器 R1 的值与寄存器 R0 的值相减,并根据结果设置 CPSR 的标志位
CMPR1,#100     ;将寄存器 R1 的值与立即数 100 相减,并根据结果设置 CPSR 的标志位
```

（4）CMN 指令

- 指令格式:CMN{条件} 操作数 1,操作数 2
- 指令功能:CMN 指令用于把一个寄存器的内容和另一个寄存器的内容或立即数取反后进行比较,同时更新 CPSR 中条件标志位的值。该指令实际完成操作数 1 和操作数 2 相加,并根据结果更改条件标志位。
- 指令示例:

```
CMN R1,R0      ;将寄存器 R1 的值与寄存器 R0 的值相加,并根据结果设置 CPSR 的标志位
CMNR1,#100     ;将寄存器 R1 的值与立即数 100 相加,并根据结果设置 PSR 的标志位
```

（5）TST 指令

- 指令格式:TST{条件} 操作数 1,操作数 2
- 指令功能:TST 指令用于把一个寄存器的内容和另一个寄存器的内容或立即数进行按位的与(AND)运算,并根据运算结果更新 CPSR 中条件标志位的值,即测试某些位为 0 或为 1。操作数 1 是要测试的数据,而操作数 2 是一个位掩码,该指

令一般用来检测是否设置了特定的位。

- 指令示例:测试某数为正数或负数

```
MOV DH,9EH      ;(DL) = 1001 1110B
TST DH,80H      ;9EH∧80H = 1000 0000,ZF = 0
JZ EVEN         ;若 ZF = 0,该数为负数;若 ZF = 1,则是正数
```

(6) TEQ 指令

- 指令格式:TEQ{条件} 操作数 1,操作数 2
- 指令功能:TEQ 指令用于把一个寄存器的内容和另一个寄存器的内容或立即数进行按位的异或运算,并根据运算结果更新 CPSR 中条件标志位的值。该指令通常用于比较操作数 1 和操作数 2 是否相等。
- 指令示例:

```
TEQ R1,R2      ;将寄存器 R1 的值与寄存器 R2 的值按位异或,并根据结果设置 CPSR 的标志位
```

(7) ADD 指令

- 指令格式:ADD{条件}{S} 目的寄存器,操作数 1,操作数 2
- 指令功能:ADD 指令用于把两个操作数相加,并将结果存放到目的寄存器中。操作数 1 应是一个寄存器,操作数 2 可以是一个寄存器,被移位的寄存器,或一个立即数。
- 指令示例:

```
ADD R0,R1,R2        ;R0 = R1 + R2
ADD R0,R1,♯256      ;R0 = R1 + 256
ADD R0,R2,R3,LSL♯1  ;R0 = R2 + (R3 ≪ 1)
```

(8) ADC 指令

- 指令格式:ADC{条件}{S} 目的寄存器,操作数 1,操作数 2
- 指令功能:ADC 指令用于把两个操作数相加,再加上 CPSR 中的 C 条件标志位的值,并将结果存放到目的寄存器中。它使用一个进位标志位,这样就可以做比 32 位大的数的加法,注意不要忘记设置 S 后缀来更改进位标志。操作数 1 应是一个寄存器,操作数 2 可以是一个寄存器,被移位的寄存器,或一个立即数。
- 指令示例:完成两个 128 位数的加法,第一个数由高到低存放在寄存器 R7~R4,第二个数由高到低存放在寄存器 R11~R8,运算结果由高到低存放在寄存器 R3~R0:

```
ADDS R0,R4,R8       ;加低端的字
ADCS R1,R5,R9       ;加第二个字,带进位
ADCS R2,R6,R10      ;加第三个字,带进位
ADC R3,R7,R11       ;加第四个字,带进位
```

（9）SUB 指令

- 指令格式：SUB{条件}{S} 目的寄存器,操作数 1,操作数 2
- 指令功能：SUB 指令用于把操作数 1 减去操作数 2,并将结果存放到目的寄存器中。操作数 1 应是一个寄存器,操作数 2 可以是一个寄存器,被移位的寄存器,或一个立即数。该指令可用于有符号数或无符号数的减法运算。
- 指令示例：

```
SUB R0,R1,R2            ;R0 = R1 - R2
SUB R0,R1,#256          ;R0 = R1 - 256
SUB R0,R2,R3,LSL#1      ;R0 = R2 - (R3 << 1)
```

（10）~~~~C 指令

- 指令格式：~~~~C{条件}{S} 目的寄存器,操作数 1,操作数 2
- 指令功能：~~~~C 指令用于把操作数 1 减去操作数 2,再减去 CPSR 中的 C 条件标志位的反码,并将结果存放到目的寄存器中。操作数 1 应是一个寄存器,操作数 2 可以是一个寄存器,被移位的寄存器,或一个立即数。该指令使用进位标志来表示借位,这样就可以做大于 32 位的减法,注意不要忘记设置 S 后缀来更改进位标志。该指令可用于有符号数或无符号数的减法运算。
- 指令示例：

```
SUBS R0,R1,R2    ;R0 = R1 - R2 - !C,并根据结果设置 CPSR 的进位标志位
```

（11）R~~~~指令

- 指令格式：R~~~~{条件}{S} 目的寄存器,操作数 1,操作数 2
- 指令功能：R~~~~指令称为逆向减法指令,用于把操作数 2 减去操作数 1,并将结果存放到目的寄存器中。操作数 1 应是一个寄存器,操作数 2 可以是一个寄存器,被移位的寄存器,或一个立即数。该指令可用于有符号数或无符号数的减法运算。
- 指令示例：

```
R~~~~ R0,R1,R2          ;R0 = R2 - R1
R~~~~ R0,R1,#256        ;R0 = 256 - R1
R~~~~ R0,R2,R3,LSL#1    ;R0 = (R3 << 1) - R2
```

（12）RSC 指令

- 指令格式：RSC{条件}{S} 目的寄存器,操作数 1,操作数 2
- 指令功能：RSC 指令用于把操作数 2 减去操作数 1,再减去 CPSR 中的 C 条件标志位的反码,并将结果存放到目的寄存器中。操作数 1 应是一个寄存器,操作数 2 可以是一个寄存器,被移位的寄存器,或一个立即数。该指令使用进位标志来表示借位,这样就可以做大于 32 位的减法,注意不要忘记设置 S 后缀来更改进位标志。该指令可用于有符号数或无符号数的减法运算。
- 指令示例：

```
RSC R0,R1,R2         ;R0 = R2 - R1 - ! C
```

（13）AND 指令

- 指令格式:AND{条件}{S} 目的寄存器,操作数 1,操作数 2
- 指令功能:AND 指令用于在两个操作数上进行逻辑与运算,并把结果放置到目的寄存器中。操作数 1 应是一个寄存器,操作数 2 可以是一个寄存器,被移位的寄存器,或一个立即数。该指令常用于屏蔽操作数 1 的某些位。
- 指令示例:

```
AND R0,R0,#3         ;该指令保持 R0 的 0、1 位,其余位清零。
```

（14）ORR 指令

- 指令格式:ORR{条件}{S} 目的寄存器,操作数 1,操作数 2
- 指令功能:ORR 指令用于在两个操作数上进行逻辑或运算,并把结果放置到目的寄存器中。操作数 1 应是一个寄存器,操作数 2 可以是一个寄存器,被移位的寄存器,或一个立即数。该指令常用于设置操作数 1 的某些位。
- 指令示例:

```
ORR R0,R0,#3         ;该指令设置 R0 的 0、1 位,其余位保持不变。
```

（15）EOR 指令

- 指令格式:EOR{条件}{S} 目的寄存器,操作数 1,操作数 2
- 指令功能:EOR 指令用于在两个操作数上进行逻辑异或运算,并把结果放置到目的寄存器中。操作数 1 应是一个寄存器,操作数 2 可以是一个寄存器,被移位的寄存器,或一个立即数。该指令常用于反转操作数 1 的某些位。
- 指令示例:

```
EOR R0,R0,#3         ;该指令反转 R0 的 0、1 位,其余位保持不变。
```

（16）BIC 指令

- 指令格式:BIC{条件}{S} 目的寄存器,操作数 1,操作数 2
- 指令功能:BIC 指令用于清除操作数 1 的某些位,并把结果放置到目的寄存器中。操作数 1 应是一个寄存器,操作数 2 可以是一个寄存器,被移位的寄存器,或一个立即数。操作数 2 为 32 位的掩码,如果在掩码中设置了某一位,则清除这一位。未设置的掩码位保持不变。
- 指令示例:

```
BIC R0,R0,# %1011    ;该指令清除 R0 中的位 0、1 和 3,其余的位保持不变。
```

5. 数据交换指令

（1）SWP 指令

- 指令格式:SWP{条件} 目的寄存器,源寄存器 1,[源寄存器 2]

- 指令功能:SWP 指令用于将源寄存器 2 所指向的存储器中的字数据传送到目的寄存器中,同时将源寄存器 1 中的字数据传送到源寄存器 2 所指向的存储器中。显然,当源寄存器 1 和目的寄存器为同一个寄存器时,指令交换该寄存器和存储器的内容。
- 指令示例:

```
SWP R0,R1,[R2]    ;将 R2 所指向的存储器中的字数据传送到 R0,同时将 R1 中的字数据传送到
R2 所指向的存储单元。
SWP R0,R0,[R1]    ;该指令完成将 R1 所指向的存储器中的字数据与 R0 中的数据交换。
```

（2）SWPB 指令
- 指令格式:SWP{条件}B 目的寄存器,源寄存器 1,[源寄存器 2]
- 指令功能:SWPB 指令用于将源寄存器 2 所指向的存储器中的字节数据传送到目的寄存器中,目的寄存器的高 24 清零,同时将源寄存器 1 中的字节数据传送到源寄存器 2 所指向的存储器中。显然,当源寄存器 1 和目的寄存器为同一个寄存器时,指令交换该寄存器和存储器的内容。
- 指令示例:

```
SWPB R0,R1,[R2]    ;将 R2 所指向的存储器中的字节数据传送到 R0,R0 的高 24 位清零,同时将
R1 中的低 8 位数据传送到 R2 所指向的存储单元。
SWPB R0,R0,[R1]    ;该指令完成将 R1 所指向的存储器中的字节数据与 R0 中的低 8 位数据
交换。
```

6. 移位指令（操作）

（1）LSL（或 ASL）操作
- 操作格式:通用寄存器,LSL（或 ASL）操作数
- 操作功能:LSL（或 ASL）可完成对通用寄存器中的内容进行逻辑（或算术）的左移操作,按操作数所指定的数量向左移位,低位用零来填充。其中,操作数可以是通用寄存器,也可以是立即数（0～31）。
- 操作示例

```
MOV R0, R1, LSL♯2 ;将 R1 中的内容左移两位后传送到 R0 中。
```

（2）LSR 操作
- 操作格式:通用寄存器,LSR 操作数
- 操作功能:LSR 可完成对通用寄存器中的内容进行右移的操作,按操作数所指定的数量向右移位,左端用零来填充。其中,操作数可以是通用寄存器,也可以是立即数（0～31）。
- 操作示例:

```
MOV R0, R1, LSR♯2 ;将 R1 中的内容右移两位后传送到 R0 中,左端用零来填充。
```

（3）ASR 操作

- 操作格式：通用寄存器，ASR 操作数
- 操作功能：ASR 可完成对通用寄存器中的内容进行右移的操作，按操作数所指定的数量向右移位，左端用第 31 位的值来填充。其中，操作数可以是通用寄存器，也可以是立即数（0～31）。
- 操作示例：

```
MOV R0,R1,ASR#2;将 R1 中的内容右移两位后传送到 R0 中,左端用第 31 位的值来填充。
```

（4）ROR 操作

- 操作格式：通用寄存器，ROR 操作数
- 操作功能：ROR 可完成对通用寄存器中的内容进行循环右移的操作，按操作数所指定的数量向右循环移位，左端用右端移出的位来填充。其中，操作数可以是通用寄存器，也可以是立即数（0～31）。显然，当进行 32 位的循环右移操作时，通用寄存器中的值不改变。
- 操作示例：

```
MOV R0,R1,ROR#2 ;将 R1 中的内容循环右移两位后传送到 R0 中。
```

（5）RRX 操作

- 操作格式：通用寄存器，RRX 操作数
- 操作功能：RRX 可完成对通用寄存器中的内容进行带扩展的循环右移的操作，按操作数所指定的数量向右循环移位，左端用进位标志位 C 来填充。其中，操作数可以是通用寄存器，也可以是立即数（0～31）。
- 操作示例：

```
MOV R0,R1,RRX#2 ;将 R1 中的内容进行带扩展的循环右移两位后传送到 R0 中。
```

7. 协处理器指令

（1）CDP 指令

- 指令格式：CDP｛条件｝协处理器编码,协处理器操作码 1,目的寄存器,源寄存器 1,源寄存器 2,协处理器操作码 2。
- 指令功能：CDP 指令用于 ARM 处理器通知 ARM 协处理器执行特定的操作，若协处理器不能成功完成特定的操作，则产生未定义指令异常。其中协处理器操作码 1 和协处理器操作码 2 为协处理器将要执行的操作，目的寄存器和源寄存器均为协处理器的寄存器，指令不涉及 ARM 处理器的寄存器和存储器。
- 指令示例：

```
CDP P3,2,C12,C10,C3,4    ;该指令完成协处理器 P3 的初始化
```

（2）LDC 指令

- 指令格式：LDC{条件}{L} 协处理器编码,目的寄存器,[源寄存器]
- 指令功能：LDC 指令用于将源寄存器所指向的存储器中的字数据传送到目的寄存器中,若协处理器不能成功完成传送操作,则产生未定义指令异常。其中,{L}选项表示指令为长读取操作,如用于双精度数据的传输。
- 指令示例：

```
LDC P3,C4,[R0]    ;将 ARM 处理器的寄存器 R0 所指向的存储器中的字数据传送到协处理器 P3 的寄存器 C4 中。
```

（3）STC 指令

- 指令格式：STC{条件}{L} 协处理器编码,源寄存器,[目的寄存器]
- 指令功能：STC 指令用于将源寄存器中的字数据传送到目的寄存器所指向的存储器中,若协处理器不能成功完成传送操作,则产生未定义指令异常。其中,{L}选项表示指令为长读取操作,如用于双精度数据的传输。
- 指令示例：

```
STC P3,C4,[R0]    ;将协处理器 P3 的寄存器 C4 中的字数据传送到 ARM 处理器的寄存器 R0 所指向的存储器中。
```

（4）MCR 指令

- 指令格式：MCR{条件} 协处理器编码,协处理器操作码1,源寄存器,目的寄存器1,目的寄存器2,协处理器操作码2
- 指令功能：MCR 指令用于将 ARM 处理器寄存器中的数据传送到协处理器寄存器中,若协处理器不能成功完成操作,则产生未定义指令异常。其中协处理器操作码1和协处理器操作码2为协处理器将要执行的操作,源寄存器为 ARM 处理器的寄存器,目的寄存器1和目的寄存器2均为协处理器的寄存器。
- 指令示例：

```
MCR P3,3,R0,C4,C5,6    ;该指令将 ARM 处理器寄存器 R0 中的数据传送到协处理器 P3 的寄存器 C4 和 C5 中。
```

（5）MRC 指令

- 指令格式：MRC{条件} 协处理器编码,协处理器操作码1,目的寄存器,源寄存器1,源寄存器2,协处理器操作码2
- 指令功能：MRC 指令用于将协处理器寄存器中的数据传送到 ARM 处理器寄存器中,若协处理器不能成功完成操作,则产生未定义指令异常。其中协处理器操作码1和协处理器操作码2为协处理器将要执行的操作,目的寄存器为 ARM 处理器的寄存器,源寄存器1和源寄存器2均为协处理器的寄存器。
- 指令示例：

MRC P3,3,R0,C4,C5,6　　　　;该指令将协处理器 P3 的寄存器中的数据传送到 ARM 处理器寄存器中。

8. 异常产生指令

（1）SWI 指令

- 指令格式:SWI{条件} 24 位的立即数
- 指令功能:SWI 指令用于产生软件中断,以便用户程序能调用操作系统的系统例程。操作系统在 SWI 的异常处理程序中提供相应的系统服务,指令中 24 位的立即数指定用户程序调用系统例程的类型,相关参数通过通用寄存器传递,当指令中 24 位的立即数被忽略时,用户程序调用系统例程的类型由通用寄存器 R0 的内容决定,同时,参数通过其他通用寄存器传递。
- 指令示例:

SWI 0x02　　　　;该指令调用操作系统编号位 02 的系统例程

（2）BKPT 指令

- 指令格式:BKPT　　16 位的立即数
- 指令功能:BKPT 指令产生软件断点中断,可用于程序的调试。

ARMv8 架构的指令集还有很多不常用的指令格式,这里不再赘述,如有需要,可到官网查找标准格式以及使用条件。

第3章
网关硬件的接口原理

3.1　基市外设接口

网关硬件涉及一些基础硬件接口原理，以便于后续网关协议的开发，下面重点以飞腾 FT2000/4 处理介绍该硬件接口原理以及特性。

3.1.1　通用外设接口

GPIO 是一种通用的数字信号引脚，可以被配置为输入或输出模式。通过编程，可以控制 GPIO 引脚的电平状态，或读取其当前的电平状态。

飞腾 FT-2000/4 处理器中一共有 32 个 GPIO 信号，分为 GPIO0 和 GPIO1 两路，各 16 位，每路内分为 A 与 B 两组，其中 A 组的 8 位信号均支持外部中断功能，而 B 组的 8 位信号不支持。同一组内的 8 位中断信号没有优先级区分，并产生一个统一的中断报送到全芯片的中断管理模块，在中断管理模块内可针对 GPIO0 与 GPIO1 两路中断设置不同的优先级。GPIO 中断管理模块结构如图 3-1 所示。

32 个 GPIO 的默认方向为 I，默认电平为 NA，片内为下拉电阻，NC 处理方式为悬空。其中 GPIO0 PORTA[0；7]和 GPIO1 PORTA[0；7]带中断功能。外部中断输入，可根据需求配置为电平或者边沿触发。专用 GPIO 说明如表 3-1 所示，GPIO 接口电特性如表 3-2 所示，GPIO 开关特性图如图 3-2 所示。

表 3-1　专用 GPIO 说明

专用 GPIO	连接方式	说明
GPIO0_A1	连接主板 CPLD/EC	发送 S3_OK 信号给 CPU。系统由 S4/S5→S0（开机）；CPLD/EC 拉低 GPIO_A1；系统由 S3→S0（唤醒）；CPLD/EC 拉高 GPIO_A1；
GPIO0_A7/SCI	连接主板 EC	EC 发送 SCI 中断给 CPU

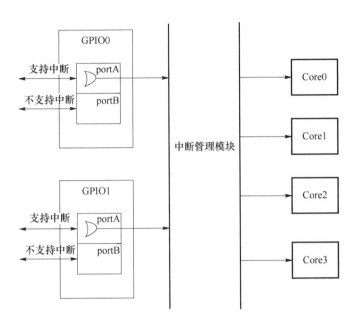

图 3-1　GPIO 中断管理模块结构图

GPIO 接口电特性如表 3-2 所示。

表 3-2　GPIO 接口电特性

测试	符号	测试条件	极限值		单位
			最小值	最大值	
GPIO 信号电特性					
通用 IO 上升时间	t_R	Tc= -40～85 ℃；	---	10	ns
通用 IO 下降时间	t_F	VDDCORE＝0.88V；VDDQ＝1.2V；VDDPST＝1.71～1.89V	---	10	ns

GPIO 开关特性图如图 3-2 所示。

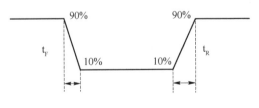

图 3-2　GPIO 开关特性图

3.1.2　定时器

通用定时器描述表(GTDT)描述了系统通用定时器的配置信息。通用定时器(GT)

是基于 ARM 处理器的系统实现的标准定时器接口,GTDT 提供了系统通用定时器的中断配置,包括 per-processor 定时器、平台(内存映射)定时器。

GT 规范定义了的 per-processor 定时器分为安全级别 1(EL1)定时器、安全级别 1(EL1)定时器、非安全级别 2 EL2 定时器、虚拟定时器。平台(内存映射)定时器分为 GT 块、SBSA 通用 Watchdog。

飞腾平台的 Watchdog 遵循 ARM SBSA 标准,对应的 Linux 驱动代码为:drivers/acpi/arm64/gtdt.c、drivers/watchdog/sbsa_gwdt.c。gtdt.c 驱动从 GTDT 表获取 watchdog 信息,初始化 watchdog platform device 信息。sbsa_gwdt.c 驱动为设备分配资源、初始化并对设备进行操作。

Watchdog 需要在 GTDT 表中进行描述。需要提供的参数有:Refresh Frame 物理地址、Watchdog ControlFrame 物理地址、Watchdog Timer GSIV:SBSA 通用 watchdog timer 使用的全局中断号、Watchdog Timer Flags:标志位,意义如表 3-3 所示,具体资源需求参考处理器软件编程手册。

表 3-3　Watchdog Timer Flags

位	模式	功能
0	Timer 中断模式	1:边沿触发
		0:电平触发
1	Timer 中断 polarity	1:低有效
		0:高有效
2	安全 Timer	1:timer 是安全的
		0:timer 是非安全的
其他	保留	必须为 0

3.1.3　实时时钟

RTC 实时时钟,是一个独立的定时器,RTC 模块拥有一个连续计数的计数器,在相应的软件配置下,可以提供时钟日历的功能。修改计数器的值可以重新设置当前的时间和日期,RTC 还包含用于管理低功耗模式的自动唤醒单元。

在断电情况下 RTC 仍可以独立运行,只要芯片的备用电源一直供电,RTC 上的时间也会一直走。

RTC 外接 32.768KHz 时钟晶体振荡器,采用外部 3V 纽扣电池供电,内部集成了 1.8V LDO,在 RTC_VDD18 引脚外接 1 μF～4.7 μF 电容。RTC 的接口描述如表 3-4 所示。

表 3-4   RTC 的接口描述

信号	输入/输出	描述
RTC_XTAL_IN	I	连接 32.768KHZ 晶振,或者将 RTC_XTAL_IN
RTC_XTAL_OUT	O	输入 32.768KHZ 脉冲,RTC_XTAL_OUT 浮空
RTC_P3V3	P/I	RTC 电源输入,接板级电源或纽扣电池
RTC_P1V8	P/O	内部 LDO 1.8V 电源输出

3.1.4   SD 接口

SD 接口是一种用于连接 SD 存储卡的硬件接口。它支持 SD 卡的标准通信协议,允许处理器读取和写入 SD 卡上的数据。SD 接口常用于扩展系统的存储容量,或者用于存储固件、配置文件等。

FT-2000/4 的 SD 接口电平为 1.8V CMOS 电平标准,连接外部 SD(3.3V)卡时,需利用 SD 专用电平转换芯片进行电平转换。SD_DETECT 信号为 SD 卡插入检测专用信号,不支持 SD_DAT3 信号做插入检测。CPU 检测 SD_DETECT 电平,若为低,CPU 认为有卡插入;若为高,CPU 认为无卡插入。SD 接口描述如表 3-5 所示。

表 3-5   SD 接口描述

信号名称	方向	信号描述	默认方向	默认电平	片内上下拉	NC 处理方式
SD_DETECT	I	SD 卡插入检测,低有效	I	NA	上拉电阻	上拉电阻
SD_CMD	I/O	COMMAND/RESPONSE LINE				
SD_CLK	O	CLOCK	O	低	无	
SD_DAT0	I/O	CONNECTOR DATA LINE 0	I	NA	上拉电阻	悬空
SD_DAT1		CONNECTOR DATA LINE 1				
SD_DAT2		CONNECTOR DATA LINE 2				
SD_DAT3		CONNECTOR DATA LINE 3				

3.1.5   System I/O 接口

SystemI/O 接口是用于描述处理器上的一组用于系统级控制和监视的输入输出接口。System I/O 部分包含时钟、复位、调试信号,其接口描述如表 3-6 所示。

表 3-6   System I/O 接口描述

信号	输入/输出	描述	NC 处理方式
CLK_REF	I	48 MHz 时钟输入,1.8V CMOS 电平	/
POR_N		上电复位信号,低有效	

续 表

信号	输入/输出	描述	NC 处理方式
PWR_CTR0		软关机重启信号,接板载独立控制单元(CPLD 等)	悬空
PWR_CTR1		软关机重启信号,接板载独立控制单元(CPLD 等)	悬空
ALL_PLL_LOCK	O	内部锁相环锁定观察信号;锁定后输出高电平,否则为低电平	悬空
CRU_CLK_OBV		观测时钟输出信号	悬空
CRU_RST_OK		复位完成信号,用于观察内部复位状态。复位完成后输出高	悬空
NTRST_SWJ		CPU JTAG 调试接口 NTRST 信号	下拉电阻
TDI_SWJ	I	CPU JTAG 调试接口 TDI 信号	上拉电阻
SWDITMS_SWJ		CPU JTAG 调试接口 SWDITMS 信号	
SWDO_SWJ	O	CPU JTAG 调试接口 SWDO 信号	悬空
TDO_SWJ		CPU JTAG 调试接口 TDO 信号	
TCK_SWJ	I	CPU JTAG 调试接口 TCK 信号	上拉

3.1.6 调试接口

调试接口是一种用于连接调试器或开发工具的硬件接口。通过调试接口,开发人员可以访问处理器的内部状态、寄存器和内存,以便进行调试和分析。常见的调试接口包括 JTAG、SWD 等。

FT-2000/4 为软硬件开发者提供较完善的调试支持,具体功能通过标准的 JTAG 调试接口实现,如表 3-7 所示。

表 3-7 调试接口信号说明

信号名	输入/输出	信号描述
NTRST_SWJ		复位信号
TCK_SWJ	I	时钟信号
TDI_SWJ		数据输入
SWDITMS_SWJ		模式选择
TDO_SWJ	O	数据输出

FT-2000/4 的总体调试结构如图 3-3 所示,用户调试主机通过调试仿真器连接到 CPU 核,控制核以后即可进行相应的调试操作。调试仿真器支持 TRACE32 和 DS-5,相关配置要求如表 3-8 所示。

表 3-8　调试环境支持

调试仿真器	软件支持	环境支持
DS-5	DS-5 配套软件	Windows
TRACE32	TRACE32 配套软件	Windows,Linux,Macos

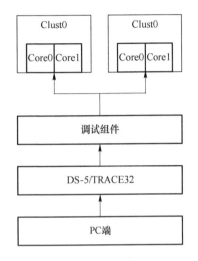

图 3-3　FT-2000/4 的总体调试结构

3.1.7　LPC 接口

LPC 接口是一种用于连接低速设备的硬件接口,具有较少的引脚数量。它通常用于连接传统的 I/O 设备,如键盘、鼠标、打印机等。LPC 接口在现代处理器中可能已经被更高速的接口(如 USB、PCIe 等)所取代或集成。

LPC(Low Pin Count)外设 I/O 的电平与 CPU 的 1.8V CMOS 不兼容,因此在使用 LPC 功能的时候需要进行电平转换。推荐使用电平转换芯片或 CPLD 进行电平转换,CPLD 具有可编程能力,进行电平转换时的处理更灵活。

LPC_IRQ_OUTEN、LPC_LAD_OUTEN 信号用于电平转换时控制相关信号的输入/输出方向,LPC 接口描述如表 3-9 所示。

表 3-9　LPC 接口描述

信号名称	方向	信号描述	默认方向	默认电平	片内上下拉	NC处理方式
LPC_CLK	I	LPC 时钟输入,33 MHz	I	NA	下拉电阻	
LPC_RSTN_O	O	LPC 复位信号	O	低	无	
LPC_LFRAME_N		LPC frame 控制信号		高	无	
LPC_IRQ_N	I/O	Serial IRQ 用于客户端需中断支持时使用		高	上拉电阻	
LPC_LDRQ_N	I	客户端需要做 DMA 总线时发出该信号	I	NA	上拉电阻	
LPC_LAD0	I/O	数据位 0	O	高	下拉电阻	悬空
LPC_LAD1		数据位 1				
LPC_LAD2		数据位 2				
LPC_LAD3		数据位 3				
LPC_IRQ_OUTEN	O	电平转换时使用(1:CPU 输出,0:CPU 输入)	O	高	无	
LPC_LAD_OUTEN		电平转换时使用,标明 LPC_LAD[0:3]的方向;1:CPU 输出,0:CPU 输入				

3.2 通信外设接口

飞腾 FT2000/4 作为一款处理器,通常会集成多种通信外设接口以支持与外部设备的通信,下面对一些常见通信外设接口进行简单介绍。

3.2.1 数字通信系统概述

数字通信系统的构成包括发送端(发送终端、信源编码、信道编码、调制)、信道、接收端(解调、信道解码、信源解码、接收终端),其功能框图如图 3-4 所示。

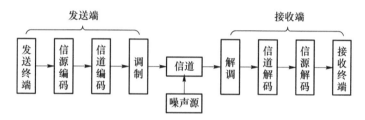

图 3-4 功能框图

数字信号传输方式分为基带传输和频带传输。基带传输是编码处理后的、未经调制变换的基带数字信号直接在电缆信道上传输;频带传输是基带数字信号经过调制后,将其频带搬移到无线等信道上再传输。

各个模块的作用如下:

发送终端:主要用于产生电信号,比如话音信号、电报信号、数据信号等;信源,是向通信系统提供消息的人和机器。信源的核心问题是它包含的信息到底有多少,怎样将信息定量地表示出来,即如何确定信息量。

接收终端:主要用于接收电信号。信宿,是消息传递的对象,即接收的人或机器。根据实际需要,信宿接收的消息形式与信源发出的消息相同,也会不同(失真情况下)。信宿需要研究的主要问题是能收到或提供多少消息。

信道:是传递消息的通道,又是传送物理信号的设施。信道可以是一对导线,一条同轴电缆、传输电磁波的空间、一条光导纤维等传输信号的媒介。信道的核心问题是它能够传送多少信息量,即容量的大小。

信源编码:主要完成模/数变换(A/D 变换)。其作用是,一是把信源发出的消息变换成由二进制码元(或多进制码元)组成的码组,这种代码组就是基带信号;二是压缩信源的冗余度(即多余度),以提高通信系统传输消息的效率。

信源解码:主要完成数/模变换(D/A 变换)。将数字信号转换为模拟信号的方法,与信源编码对应。

信道编码:主要用于差错控制。其作用是在信源编码器输出的代码组上有目的地增加一些监督码元,使之具有检错或纠错的能力。

信道解码:主要用于差错控制。其具有检错或纠错的能力,可以将落在其检错或纠错范围内的错传码元检出或纠正,以提高传输消息的可靠性。

调制:主要用于频率搬移。将各种数字基带信号转换成适于信道传输的数字调制信号。

解调:主要用于频率恢复。将收到的数字频道信号还原为基带信号。

干扰源:干扰源是整个通信系统中各个干扰的集中反映,用以表示消息在信道中传输时遭受干扰的情况。对于任何通信系统而言,干扰的性质、大小是影响系统性能的重要因素。

数字通信的优点:抗干扰能力强,无噪声积累;便于信号处理;有利于采用时分复用实现多路通信;设备便于集成化、小型化。缺点:占用频带较宽,但在大容量信道下,可以得到合理的解决。

3.2.2 UART 接口

UART 是一种通用的异步串行通信接口,用于处理器与其他串行设备之间的通信。它支持全双工通信,即可以同时发送和接收数据。

FT-2000/4 的 UART 接口电平为 1.8V CMOS 电平标准,若使用的外设不兼容 1.8V CMOS 电平,需进行电平转换;默认 UART_1 为系统调试串口,用于输出系统打印信息,波特率 115 200 bit/s。UART 的接口描述如表 3-10 所示,UART 的接口电特性如表 3-11 所示,UART 的时序图如图 3-5 所示。

表 3-10　UART 的接口描述

信号名称	方向	信号描述	默认方向	默认电平	片内上下拉	NC 处理方式
UART_0_TXD	O	UART0 九针串口	O	高	无	悬空
UART_0_RXD	I		I	NA	上拉电阻	
UART_0_DSR_N	I		I	NA	上拉电阻	
UART_0_RTS_N	O		O	高	无	
UART_0_DTR_N	O		O	高	无	
UART_0_CTS_N	I		I	NA	上拉电阻	
UART_0_RI_N	I		I	NA	上拉电阻	
UART_0_DCD_N	I		I	NA	上拉电阻	
UART_1_TXD	O	UART1 串口,默认为调试串口	O	高	无	
UART_1_TXD	I		I	NA	上拉电阻	
UART_2_TXD	O	UART2 串口	O	高	无	
UART_2_TXD	I		I	NA	上拉电阻	
UART_3_TXD	O	UART3 串口	O	高	无	
UART_3_TXD	I		I	NA	上拉电阻	

表 3-11　UART 的接口电特性

特性	符号	接口时序	极限值		单位
			最小	最大	
rxd 和 txd 低电平时间	t_L	串口时序	310	--	ns
rxd 和 txd 高电平时间	t_H		310	--	
rxd 和 txd 信号上升时间	t_{RT}		--	6	
rxd 和 txd 信号下降时间	t_{FT}		--	6	
信号传输 gnd 低电平	v_{GND}			0	V

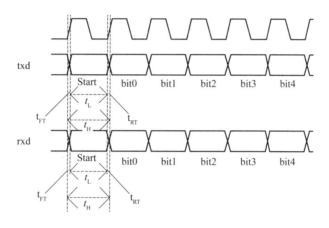

图 3-5　UART 的时序图

3.2.3　SPI 接口

SPI 是一种同步串行通信协议,通常用于处理器与外设之间的短距离、高速通信。它采用主从模式,其中处理器通常作为主设备控制通信过程。处理器中的 SPI0 和 SPI1 均为通用 SPI 接口,可用于连接各类 SPI 外设。SPI 的接口描述如表 3-12 所示,SPI 的接口电特性如表 3-13 所示,SPI 的时序图如图 3-6 所示。

表 3-12　SPI 的接口描述

信号名称	方向	信号描述	默认方向	默认电平	片内上下拉	NC 处理方式
SPI0_SCK	O	SPI0 时钟信号	O	低	无	悬空
SPI0_SO	O	SPI0 数据信号;主机输出,设备输入	O	低	无	悬空
SPI0_SI	I	SPI0 数据信号;主机输入,设备输出	I	NA	下拉电阻	悬空
SPI0_CSN0	O	SPI0 的 0 号片选	O	高	无	悬空
SPI0_CSN1	O	SPI0 的 1 号片选	O	高	无	悬空

信号名称	方向	信号描述	默认方向	默认电平	片内上下拉	NC 处理方式
SPI0_CSN2	O	SPI0 的 2 号片选	O	高	无	悬空
SPI0_CSN3	O	SPI0 的 3 号片选	O	高	无	悬空
SPI1_SCK	O	SPI1 时钟信号	O	低	无	悬空
SPI1_SO	O	SPI1 数据信号；主机输出,设备输入	O	低	无	悬空
SPI1_SI	I	SPI1 数据信号；主机输入,设备输出	I	NA	下拉电阻	悬空
SPI1_CSN0	O	SPI1 的 0 号片选	O	高	无	悬空
SPI1_CSN1	O	SPI1 的 1 号片选	O	高	无	悬空
SPI1_CSN2	O	SPI1 的 2 号片选	O	高	无	悬空
SPI1_CSN3	O	SPI1 的 3 号片选	O	高	无	悬空

表 3-13 SPI 的接口电特性

测试	符号	测试条件	极限值		单位
			最小值	最大值	
SPI 信号电特性					
CS 下降沿与 SCK 上升沿延时	t_{CSS}	Tc= -40~85℃; VDDCORE=0.88V; VDDQ=1.2V; VDDPST=1.71~1.89V	---	500	ns
CS 下降沿与 SO 上升沿延时	t_{CSD}		---	3	ns

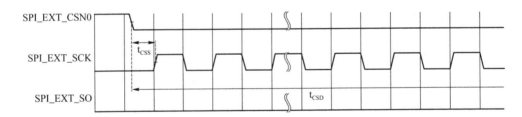

图 3-6 SPI 的时序图

3.2.4 QSPI 接口

QSPI 是 SPI 接口的一种扩展,支持四线数据传输,从而提供更高的数据传输速率。它通常用于连接需要高速数据读写的闪存设备,如 NOR Flash。

支持的功能:

(1) 支持 SPI、两线模式、四线模式、DPI 模式、QPI 模式下的命令协议。

(2) 支持 wp,当不处于四线模式或 QPI 模式时,写入保护输入和状态寄存器保护位一起提供由硬件输入信号控制的保护,使能四线模式或 QPI 模式时,软件应禁用此功能。

(3)支持动态修改 SCK 频率,支持动态修改不同指令对应的频率,复位后 SCK 频率初值足够低,能够正确读出 flash 内容。常用命令汇总见表 3-14 所示。

不支持的功能:

(1)不支持 SPI Nand flash。

(2)不支持 hold,考虑到四线模式或 QPI 模式时会复用 HOLD♯引脚,目前不支持这一功能。

(3)不支持加速模式,当 wp 输入接 9V 左右的电压时,flash 的编程和擦除将被加速。目前不支持这一模式。

(4)不支持 DDR 模式下的命令协议。

表 3-14　常用命令汇总

功能	命令名称	命令说明	支持值（十六进制）	地址长度（字节）
读取器件 ID	READID	读取 ID	90	0
	RDID	读取 ID	9F	0
	RSFDP	读取 JEDEC 串行闪存可发现参数	5A	3 或 4
寄存器访问	RDSR	读取状态寄存器	05	0
	RDCR	读取配置寄存器	35	0
	RDAR	读取任何寄存器	65	3 或 4
	WRR	写入寄存器(状态寄存器和配置寄存器)	01	0
	WRDI	写禁用	04	0
	WREN	写使能	06	0
	WRAR	写入任何寄存器	71	3 或 4
读取闪存阵列	READ	读	03	3 或 4
	4READ	读取	13	4
	FAST_READ	快速读取	0B	3 或 4
	4FAST_READ	快速读取	0C	4
	DOR	双线输出读取	3B	3 或 4
	4DOR	双线输出读取	3C	4
	QOR	四线输出读取	6B	3 或 4
	4QOR	四线输出读取	6C	4
	DIOR	双线 I/O 读取	BB	3 或 4
	4DIOR	双线 I/O 读取	BC	4
	QIOR	四线 I/O 读取	EB	3 或 4
	4QIOR	四线 I/O 读取	EC	4

功能	命令名称	命令说明	支持值 （十六进制）	地址长度 （字节）
编程闪 存阵列	PP	页编程	02	3 或 4
	4PP	页编程	12	4
擦除闪 存阵列	SE	扇区擦除	20	3 或 4
	4SE	扇区擦除	21	4
	BE	块擦除	D8	3 或 4
	4BE	块擦除	DC	4
	CE	芯片擦除	60	0

QSPI 接口兼容 SPI，且作为启动加载片外固件的唯一接口。如图 3-7 所示，CPU 启动后，首先通过片内可信根验签片外固件；验签（验证身份）通过后，通过 QSPI 接口的 QSPI_CSN0 片选的 Flash 芯片加载固件，来执行相关指令，QSPI 接口描述如表 3-15 所示。

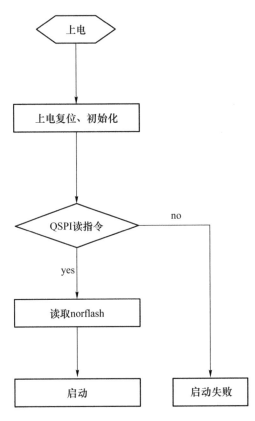

图 3-7 启动流程

表 3-15　QSPI 接口描述

信号名称	方向	信号描述	默认方向	默认电平	片内上下拉	NC 处理方式
QSPI_SCK	O	时钟信号	O	高	无	
QSPI_SO_IO0	I/O	SPI：SO 数据信号；主机输出，设备输入 QSPI：IO0，双向传输线 0	I	NA		
QSPI_SI_IO1		SPI：SI 数据信号；主机输入，设备输出 QSPI：IO1，双向传输线 1				
QSPI_WP_IO2		SPI：WP 写保护 QSPI：IO2，双向传输线 2				
QSPI_HOLD_IO3		SPI：HOLD 信号 QSPI：IO3，双向传输线 3				
QSPI_CSN0	O	SPI0 的 0 号片选	O	高		悬空
QSPI_CSN1		SPI0 的 1 号片选				
QSPI_CSN2		SPI0 的 2 号片选				
QSPI_CSN3		SPI0 的 3 号片选				

3.2.5　I2C 接口

I2C 是一种双线串行通信总线，用于连接低速外设或芯片间通信。它具有简单的总线结构和低功耗特性，广泛应用于各种嵌入式系统中。I2C 接口常用于连接 EEPROM、温度传感器、实时时钟等。

FT-2000/4 一共有 4 组 I2C 接口，描述如表 3-16 所示。

表 3-16　I2C 接口

信号名称	方向	信号描述	默认方向	默认电平	片内上下拉	NC 处理方式
I2C_SCL	I/O	I2C 接口 clock 信号	I	NA	上拉电阻	悬空
I2C_SDA	I/O	I2C 接口 data 信号	I	NA	上拉电阻	悬空

FT-2000/4 的 I2C 接口为 1.8V CMOS 的 IO 电平类型，若外接的设备不兼容 1.8V CMOS 电平，需使用 I2C 专用电平转换芯片进行电平转换。

3.2.6 CAN 总线接口

CAN 是一种用于汽车和工业自动化的通信协议,具有高可靠性和实时性。它支持多主设备通信,具有良好的错误检测和恢复机制。CAN 总线接口常用于连接车辆控制系统、工业自动化设备等。

FT-2000/4 具有三个 CAN 控制器,兼容 CAN2.0 标准协议。CAN 接口电平为 1.8V CMOS 电平标准,若使用的收发器不兼容电平标准,需进行电平转换。

建议在输出引脚串接一个 33Ω 的保护电阻。CAN 接口描述如表 3-17 所示。

表 3-17 CAN 接口描述

信号名称	方向	信号描述	默认方向	默认电平	片内上下拉	NC 处理方式
CAN_RXD	I	CAN 输入接口	I	NA	上拉电阻	悬空
CAN_TXD	O	CAN 输出接口	O	高	无	悬空

3.2.7 WDT

WDT 是一个独立的硬件模块,用于系统可靠性和故障检测。Watchdog 定时器在启动后需要定期被重置,否则将触发系统复位或中断,以防止系统因软件错误而挂起。WDT 常用于嵌入式系统中,以确保系统在发生软件故障时能够恢复。

FT-2000/4 集成了 2 个 WDT,分别用于控制安全域和非安全域中超时中断和超时复位的产生。WDT 的计数值来自系统计数器,当 WDT 初始化完成后,计数器第一次超时后产生中断,上报到中断管理模块;第二次超时后产生中断/复位,复位请求上报至时钟复位管理模块。

3.2.8 HDAudio 接口

HDAudio 接口是其音频子系统的重要组成部分,该接口采用了高清晰度音频(HDAudio)标准,旨在提供出色的音频质量和丰富的音频功能。通过 FT-2000/4 的 HDAudio 接口,用户可以连接各种音频设备,如高品质的音箱、耳机和麦克风等,实现音频信号的传输和接收。该接口支持多声道音频输出,能够呈现出更加细腻、逼真的音效,为用户带来沉浸式的音频体验。此外,FT-2000/4 的 HDAudio 接口还具备高采样率的支持,可以传输更高质量的音频信号,确保音频细节的完整性和准确性。这为用户提供了更加清晰、纯净的音频输出,满足了用户对于高品质音频的需求。

FT-2000/4 的 HDAudio 接口电平为 1.8V CMOS 电平标准,若使用的外设不兼容该电平,需进行电平转换。建议在输出引脚串接一个 33Ω 的保护电阻。

HDAudio 的接口描述如表 3-18 所示。

表 3-18　HDAudio 接口描述

信号名称	方向	信号描述	默认方向	默认电平	片内上下拉	NC 处理方式
HDA_SDO	O	串行数据输出	O	低	无	悬空
HDA_BCLK		24 MHz 时钟输出				
HDA_RST		控制器输出的复位信号,低有效。连接所有编解码器复位引脚				
HDA_SYNC		48 kHz 同步采样信号				
HDA_SDI0	I	数据输入	I	NA	上拉电阻	下拉
HDA_SDI1		数据输入				
HDA_SDI2		数据输入				
HDA_SDI3		数据输入				

第4章

网关开发环境搭建

4.1 开发环境的搭建

工欲善其事,必先利其器。在进行嵌入式软件开发之前,必须建立一个开发环境,包括操作系统、编译器、调试器、集成开发环境、各种辅助工具等。嵌入式 Linux 开发需要在主机上开发目标系统的程序。建立主机开发环境可以在 Linux 系统下,也可以在 Windows 系统下。本章主要讲解 Linux 系统和 Windows 系统如何搭载嵌入式开发环境。

Debian 是完全由自由软体组成的类 UNIX 作业系统,其包含的多数软件使用 GNU 通用公共许可协议授权,并由 Debian 计划的参与者组成团队对其进行打包、开发与维护。

Debian 计划最初由伊恩・默多克于 1993 年发起,Debian 0.01 版在 1993 年 9 月 15 日发布,而其第一个稳定版本则在 1996 年发布。

该计划的具体工作在互联网上协调完成,由 Debian 计划领导人带领一个志愿者团队开展工作,并以三份奠基性质的文档作为工作指导:Debian 社群契约、Debian 宪章和 Debian 自由软件指导方针。操作系统版本定期进行更新,候选发布版本将在经历过一定时间的冻结之后进行发布。

作为最早的 Linux 发行版之一,Debian 在建立之初便被定位为在 GNU 计划的精神指导下进行公开开发并自由发布的项目。

Debian 以其坚守 Unix 和自由软体的精神,以及其给予用户的众多选择而闻名。现时 Debian 提供了超过 25 000 个软件,超过 50 000 个软件包,并正式支援 10 个计算机系统结构。

作为一个大的系统组织框架,Debian 旗下有多种不同作业系统核心的分支计划,主要为采用 Linux 核心的 Debian GNU/Linux 系统,其他还有采用 GNU Hurd 核心的 Debian GNU/Hurd 系统、采用 FreeBSD 核心的 Debian GNU/kFreeBSD 系统等。众多知名的 Linux 发行版,例如 Ubuntu、Knoppix 和 Deepin,也都建基于 Debian GNU/ Linux。

Debian 带来了数万个软件包。为了方便用户使用,这些软件包都已经被编译包装为一种方便的格式,开发人员把它叫作 deb 包。Debian 系统中,软件包管理可由多种工具协作进行,范围从最底层的 dpkg 命令直到图形界面的 Synaptic 工具。Debian 中的高级包装工具(APT)提供了管理 Debian 系统软件的功能,且可以从软件源获取并解析软件包依赖。APT 工具之间共享依赖信息和软件包缓存。

4.1.1 系统引导盘的制作

下载好需要的 ISO 镜像文件,准备好 8G/16G 的优盘,建议使用品牌 U 盘。打开 Rufus 系统盘制作工具,设备选择指定的 U 盘制作系统盘,如图 4-1 所示。

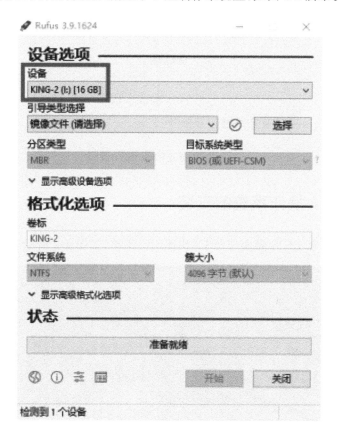

图 4-1 在 Rufus 系统盘制作工具上指定 U 盘

在"引导类型选择"下选择好下载好的 ISO 镜像文,如图 4-2 所示,点击开始,等待将 U 盘制作为引导盘即可。

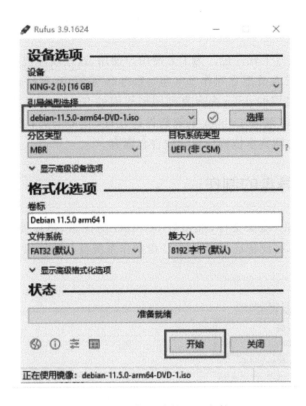

图 4-2　选择正确的 ISO 文件

4.1.2　Debian 操作系统的安装

1. 打开主机,在 BIOS 界面选择 F2 快捷引导菜单,如图 4-3 所示。

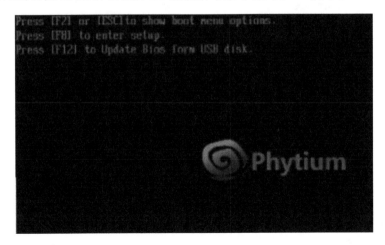

图 4-3　BIOS 界面引导界面

2. 在快捷引导菜单中选择系统启动 U 盘，如图 4-4 所示。

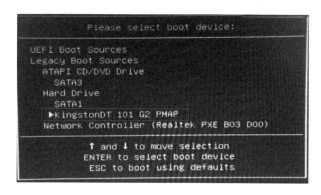

图 4-4　选择启动盘

3. 在引导界面选择 Graphical install（图形化安装），进入安装过程，如图 4-5 所示。

图 4-5　安装方式引导界面

4. 选择安装语言界面，选择中文，如图 4-6 所示。

图 4-6　语言选择界面

5. 区域选择,选择中国,如图 4-7 所示。

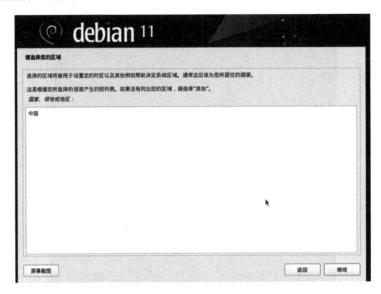

图 4-7　区域选择界面

6. 配置键盘选择汉语,如图 4-8 所示。

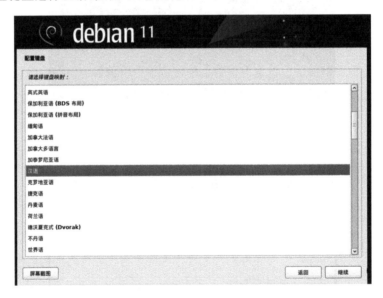

图 4-8　键盘配置界面

7. 主机名,可填写为 debian,如图 4-9 所示。

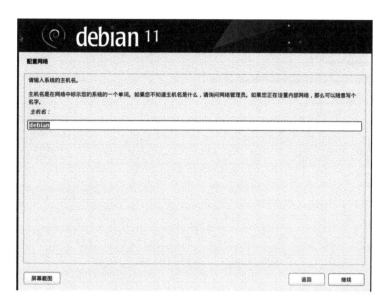

图 4-9　主机名称填写界面

8. 如图 4-10,在设置用户名称和口令界面,用户名设置为 root,口令填写为 root。

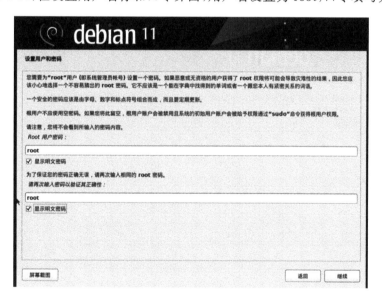

图 4-10　设置用户名和口令界面

9. 建立新用户,此处为新用户全名,不做登录使用,如图 4-11 所示。

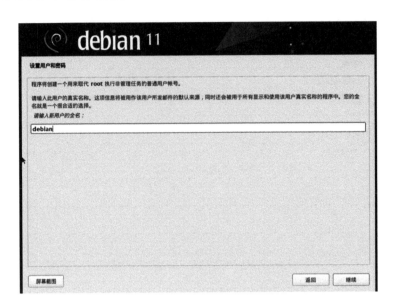

图 4-11　建立新用户界面

10. 设置登录时的用户名,设置时要多注意,并且一定要记住,在每次登录时都须使用,如图 4-12 所示。

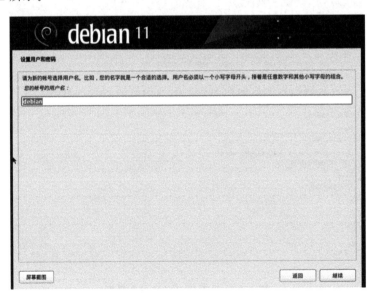

图 4-12　设置登录用户名

11. 设置用户口令,如图 4-13 所示。

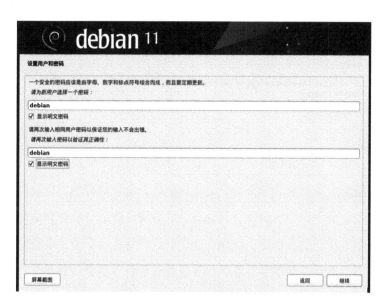

图 4-13 设置用户口令界面

12. 磁盘分区,建议使用整个磁盘,如图 4-14 与图 4-15 所示。

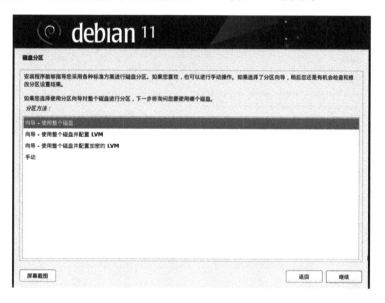

图 4-14 磁盘分区

图 4-15　磁盘分区

13. 分区方案,新手推荐"将所有文件放在同一个分区中",如图 4-16 所示。

图 4-16　磁盘分区方案

14. 选择"结束分区设定并将修改写入磁盘",如图 4-17 和 4-18 所示。

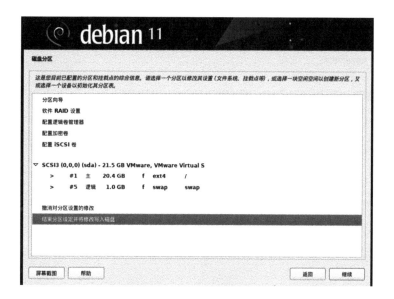

图 4-17 保存磁盘修改

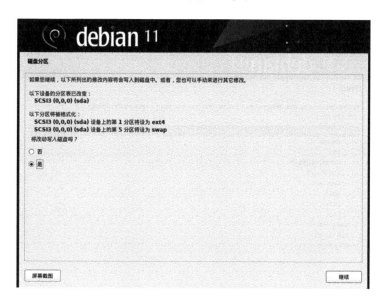

图 4-18 确定保存修改界面

15. 配置软件包管理器,扫描额外的安装介质等,默认否即可,如图 4-19 所示。

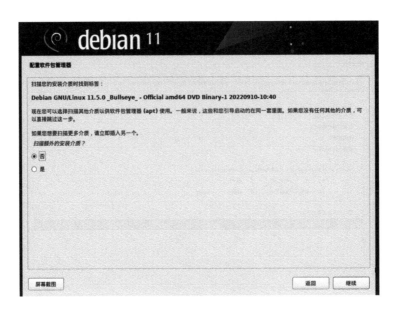

图 4-19　配置软件包管理器界面

16. 软件选择，默认纯字符界面，需要图形则选择 Debian 桌面环境，如图 4-20 所示。

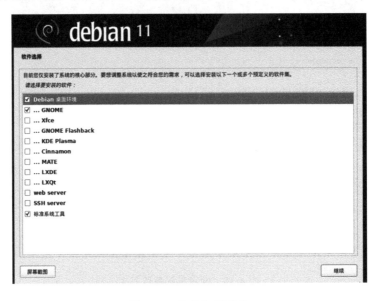

图 4-20　软件选择界面

17. 结束安装进程，拔掉安装 U 盘并点继续，等待系统完成其他操作及重启，如图 4-21 所示安装完成，若系统自动重启失败则需要手动强制重启。

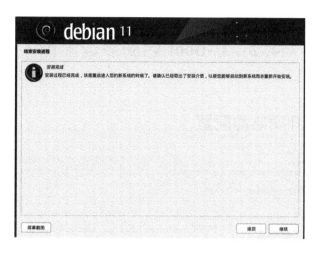

图 4-21　安装完成界面

18. 安装系统后,第一次开机会进入"UEFI SHELL"界面。手动操作,输入如下信息"FS0:\EFI\debian\grubaa64.efi",可以选择进入 Debian 系统。

19. 登录系统后需要调整开机引导,使设备每次正常引导并进入系统。操作如下:在命令行终端执行如下命令:cd /opt/phytium/grub-u20/。

```
root@debian:~# cd /opt/phytium/grub-u20/
root@debian:/opt/phytium/grub-u20# ls
grub2-common_2.04-1ubuntu26.15_arm64.deb   grub-efi-arm64-bin_2.04-1ubuntu44.2_arm64.deb
grub-common_2.04-1ubuntu26.15_arm64.deb    install.sh
```

20. 输入下一个命令,执行安装脚本./install.sh。

```
root@debian:/opt/phytium/grub-u20# ./install.sh
```

21. 脚本完成后,必须看到提示"No error reported"即没有报错才可继续操作,之后在命令行执行 shutdown -r now 重启服务器。

22. 设备正常进入系统登录页面,此次系统安装完成,如图 4-22 所示。

图 4-22　系统登录界面

4.2 U-Boot 启动参数配置

4.2.1 MMC 介质启动配置

```
E2000# setenv bootargs console = ttyAMA1,115200  audit = 0 earlycon = pl011,0x2800d000
root = /dev/mmcblk1p2 rootdelay = 3 rw;
E2000# mmc dev 1
E2000# ext4load mmc 1:1 0x90000000 e2000d-chillipi-board.dtb;
E2000# ext4load mmc 1:1 0x90100000 Image;
E2000# booti 0x90100000 - 0x90000000
```

更新 U-boot 配置自动启动

```
E2000# setenv bootargs console = ttyAMA1,115200  audit = 0 earlycon = pl011,0x2800d000
root = /dev/mmcblk1p2 rootdelay = 3 rw;
E2000# setenv bootcmd mmc dev 1; ext4load mmc 1:1 0x90000000 e2000d-chillipi-board.dtb;
ext4load mmc 1:1 0x90100000 Image;booti 0x90100000 - 0x90000000;
E2000# saveenv
```

4.2.2 USB 介质启动配置

```
E2000# setenv bootargs console = ttyAMA1,115200  audit = 0 earlycon = pl011,0x2800d000
root = /dev/sda2 rootdelay = 3 rw;
E2000# usb start
E2000# ext4load usb 0:1 0x90000000 e2000d-chillipi-board.dtb;
E2000# ext4load usb 0:1 0x90100000 Image;
E2000# booti 0x90100000 - 0x90000000
```

更新 U-boot 配置自动启动

```
E2000# setenv bootargs console = ttyAMA1,115200  audit = 0 earlycon = pl011,0x2800d000
root = /dev/sda2 rootdelay = 3 rw;
E2000# setenv bootcmd usb start; ext4load usb 0:1 0x90000000 e2000d-chillipi-board.dtb;
ext4load usb 0:1 0x90100000 Image;booti 0x90100000 - 0x90000000;'
E2000# saveenv
```

4.3 内核与文件系统编译

4.3.1 基于 phytium-linux-kernel 编译 E2000 内核

1. 获取内核源码

在主机 Ubuntu 环境内,从 gitee.com 获取内核代码。

```
git clone https://gitee.com/phytium_embedded/phytium-linux-kernel.git
```

2. 配置内核

进入内核源码目录。

```
make e2000_defconfig
```

3. 编译内核

```
make -jn
```

4. 编译后的结果

编译时间大概是 50 分钟,编译成功后可以得到设备树文件和内核镜像。

arch/arm64/boot/dts/phytium/e2000d * .dtb 为设备树镜像。

arch/arm64/boot/Image 为 Linux 内核镜像。

4.3.2 基于 phytium-linux-buildroot 编译内核及文件系统

1. 安装编译依赖包

(1) 主机环境:X86 ＋ Ubuntu20.04。

(2) 检查已安装交叉编译器。

(3) 安装依赖包。

```
sudo apt install debootstrap qemu-system-common qemu-user-static binfmt-support autoconf
automake libtool fuse debhelper findutils autotools-dev pkg-config libltdl-dev bison flex
openssl libssl-dev git
```

2. 获取 buildroot 项目代码

```
git clone https://gitee.com/phytium_embedded/phytium-linux-buildroot.git
```

3. 配置

（1）phytium-linux-buildroot 提供了 3 种文件系统。

```
方式一:phytium Linux
$ make phytium_e2000_defconfig
方式二:Ubuntu 带桌面
$ make phytium_e2000_ubuntu_desktop_defconfig
方式三:Debian 不带桌面
$ make phytium_e2000_debian_defconfig
```

（2）这里我们以编译 Debian 为例。

```
make phytium_d2000_debian_defconfig
```

4. 编译

```
make -jn
```

5. 编译结果

编译时间较长,可能为十几个小时甚至更久,编译时长取决于网状况以及主机性能。
output/images/Image Linux 内核镜像。
output/images/e2000d * .dtb 为设备树镜像。
output/images/rootfs. tar 为根文件系统。

4.4　交叉编译环境配置

　　要进行交叉编译,我们需要在主机平台上安装对应的交叉编译工具链（crosscompilation tool chain）,然后用这个交叉编译工具链编译我们的源代码,最终生成可在目标平台上运行的代码。下面以双椒派开发板为例,详细介绍关于其开发环境的搭建。

4.4.1 搭建交叉编译环境

1. 在 Windows OS 安装 Ubuntu 虚拟机

（1）打开 Windows 的子系统功能（支持 Linux 系统），打开控制面板后选择启用或关闭 Windows 功能，如图 4-23 所示。

图 4-23 打开启用或关闭 Windows 功能

（2）下载安装 ubuntu 镜像，在 win10 的应用商店搜索 ubuntu 免费安装即可。

（3）更新 ubuntu 软件源，由于 ubuntu 默认的源是国外的，所以我们需要更换国内源。

1）备份原软件源

```
mv /etc/apt/source.list   /etc/apt/source.list_bak
```

2）根据清华大学开源软件站的 ubuntu 软件源帮助手册替换软件源，网站域名为：https://mirror.tuna.tsinghua.edu.cn/help/ubuntu/

3）更新软件源

```
sudo apt-get update
sudo apt-get upgrade
```

2．在 Ubuntu 虚拟机安装交叉编译器

（1）下载交叉编译工具链

1）下载地址。

https：//releases.linaro.org/components/toolchain/binaries/7.4-2019.02/aarch64-linux-gnu/

2）下载 x86 平台的交叉编译工具链，如图 4-24 所示。

gcc-linaro-7.4.1-2019.02-x86_64_aarch64-linux-gnu.tar.xz

Name	Last modified	Size	License
Parent Directory			
gcc-linaro-7.4.1-2019.02-i686-mingw32_aarch64-linux-gnu.tar.xz	26-Jan-2019 00:03	351.8M	open
gcc-linaro-7.4.1-2019.02-i686-mingw32_aarch64-linux-gnu.tar.xz.asc	25-Jan-2019 06:38	97	open
gcc-linaro-7.4.1-2019.02-i686_aarch64-linux-gnu.tar.xz	26-Jan-2019 00:04	110.2M	open
gcc-linaro-7.4.1-2019.02-i686_aarch64-linux-gnu.tar.xz.asc	25-Jan-2019 06:39	89	open
gcc-linaro-7.4.1-2019.02-linux-manifest.txt	25-Jan-2019 06:39	10.1K	open
gcc-linaro-7.4.1-2019.02-win32-manifest.txt	25-Jan-2019 06:39	10.1K	open
gcc-linaro-7.4.1-2019.02-x86_64_aarch64-linux-gnu.tar.xz	26-Jan-2019 00:04	111.5M	open
gcc-linaro-7.4.1-2019.02-x86_64_aarch64-linux-gnu.tar.xz.asc	25-Jan-2019 06:39	91	open
runtime-gcc-linaro-7.4.1-2019.02-aarch64-linux-gnu.tar.xz	26-Jan-2019 00:04	6.7M	open
runtime-gcc-linaro-7.4.1-2019.02-aarch64-linux-gnu.tar.xz.asc	25-Jan-2019 06:39	92	open
sysroot-glibc-linaro-2.25-2019.02-aarch64-linux-gnu.tar.xz	26-Jan-2019 00:04	45.6M	open
sysroot-glibc-linaro-2.25-2019.02-aarch64-linux-gnu.tar.xz.asc	25-Jan-2019 06:39	155	open

图 4-24　下载交叉编译工具链

（2）安装工具链

1）在/opt 下创建一个 toolchain 文件夹，即：mkdir /opt/toolchain。

2）将下载的"gcc-linaro-7.4.1-2019.02-x86_64_aarch64-linux-gnu.tar.xz"复制到/opt/toolchain 目录下并解压。

```
cp gcc-linaro-7.4.1-2019.02-x86_64_aarch64-linux-gnu.tar.xz /opt/toolchain
tar -xf gcc-linaro-7.4.1-2019.02-x86_64_aarch64-linux-gnu.tar.xz
```

（3）配置工具链

1）修改环境变量

a. 打开/etc/profile 文件

```
vi /etc/profile
```

b. 在文本底部增加如下三行：

```
export
PATH = $ PATH:/opt/toolchain/gcc-linaro-7.4.1-2019.02-x86_64_aarch64-linux-gnu/bin
export CROSS_COMPILE = aarch64-linux-gnu-          //路径为交叉编译工具链绝对路径
```

c. 保存并退出文本编辑

2）生效 profile 配置文件

执行如下命令，更新 profile 配置文件。

```
source /etc/profile
```

（4）安装必要的软件包

```
sudo apt-get install debootstrap qemu-system-common qemu-user-static binfmt-support
```

4.4.2 访问开发板

1. 连接串口线

（1）将 USB 转 TTL 调试串口线连接到 Ubuntu PC 机 USB 接口。

（2）将串口线与开发板相连。

检查开发板上的丝印信息，确保调试串口线连接正确，开发板的调试串口位于 40pin 排插从右下角数 3(GND)，4(TX)，5(RX)管脚。保证开发板的 TX 连接到串口转换器的 RX 管脚，开发板的 RX 管脚连接到转换器的 TX 管脚。具体如图 4-25 所示。

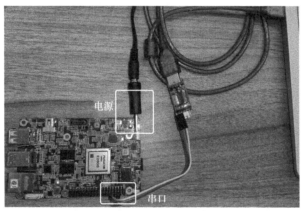

(a) 开发板实体图

(b) 开发板实体图

图 4-25　开发板实体图

2. 在 PC 机安装配置 minicom

（1）登录 Ubuntu PC，键盘输入 Ctrl＋Alt＋T，弹出命令行终端。

（2）安装 minicom。

```
sudo apt-get install minicom
```

（3）配置 minicom，命令执行成功后，如图 4-26 所示。

```
sudo minicom -s
```

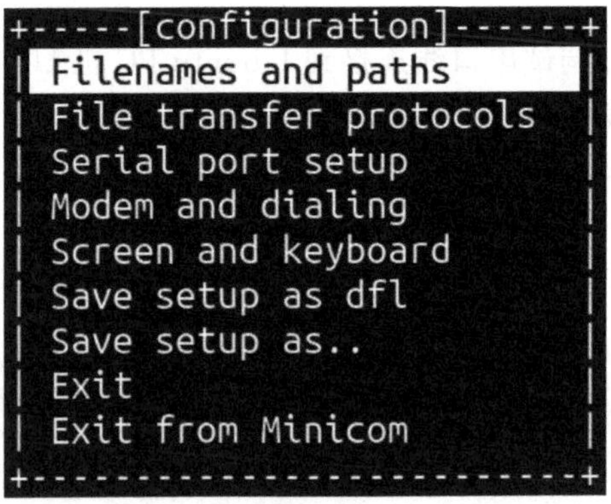

```
+------[configuration]------+
| Filenames and paths       |
| File transfer protocols   |
| Serial port setup         |
| Modem and dialing         |
| Screen and keyboard       |
| Save setup as dfl         |
| Save setup as..           |
| Exit                      |
| Exit from Minicom         |
+---------------------------+
```

图 4-26　配置界面

使用上下键选择"Serial port setup"，回车进入串口设置；键盘输入字符 a，修改"Serial Device"为/dev/ttyUSB0，然后回车保存；键盘输入字符 f，修改"Hardware Flow Control"为 No，然后回车保存。配置成功后，如图 4-27 所示。

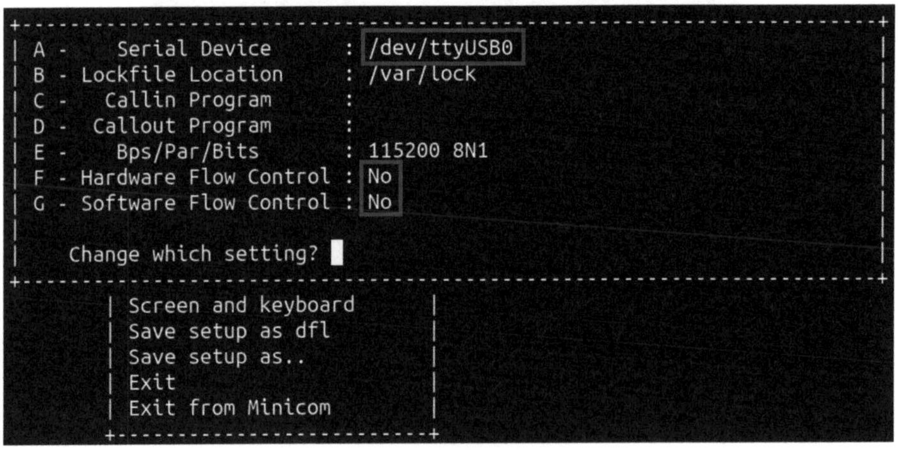

```
+-----------------------------------------------+
| A -    Serial Device      : /dev/ttyUSB0      |
| B - Lockfile Location     : /var/lock         |
| C -    Callin Program     :                   |
| D -   Callout Program     :                   |
| E -     Bps/Par/Bits      : 115200 8N1        |
| F - Hardware Flow Control : No                |
| G - Software Flow Control : No                |
|                                               |
|    Change which setting?                      |
+-----------------------------------------------+
        | Screen and keyboard    |
        | Save setup as dfl      |
        | Save setup as..        |
        | Exit                   |
        | Exit from Minicom      |
        +------------------------+
```

图 4-27　配置成功图例

返回主菜单，选择"Save setup as dfl"将其保存成默认配置，如图 4-28 所示。
最后选择"Exit From Minicom"，退出 minicom。

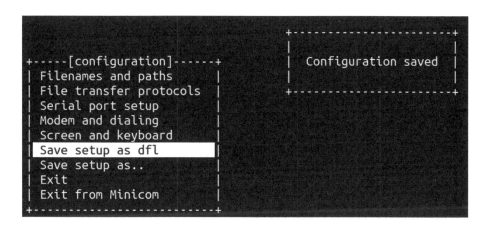

图 4-28　配置图例

3. 启动开发板

将调试串口线连接到开发板调试串口，如图 4-29 所示。

图 4-29　开发板连接实物图

4. 打开 minicom

打开 Ubuntu PC，键盘输入 Ctrl＋Alt＋T，弹出命令行终端，在命令行终端输入 sudo minicom，进入 minicom 界面。

5. 上电启动登录

开发板连接电源，minicom 将有滚动输出，在操作系统正确安装情况下可直接启动到登录界面（如图 4-30 所示）。

进入操作系统登录界面，输入账号 root，口令 root，即可完成登录。

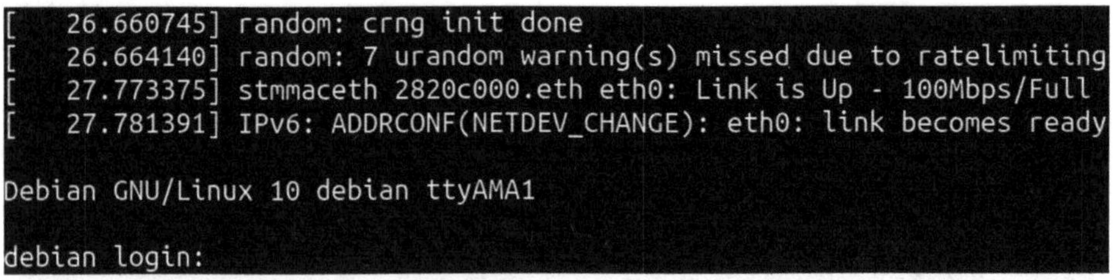

```
[   26.660745] random: crng init done
[   26.664140] random: 7 urandom warning(s) missed due to ratelimiting
[   27.773375] stmmaceth 2820c000.eth eth0: Link is Up - 100Mbps/Full
[   27.781391] IPv6: ADDRCONF(NETDEV_CHANGE): eth0: link becomes ready

Debian GNU/Linux 10 debian ttyAMA1

debian login:
```

图 4-30　登录界面

4.4.3　系统安装

1. E2000 编译

（1）在交叉编译 Ubuntu 环境内，首先从 gitee.com 获取内核代码。

```
git clone https://gitee.com/phytium_embedded/phytium-linux-buildroot.git
```

（2）进行配置，根据自己需要配置需要的文件系统，这里我们以 Debian11 为例。

```
make phytium_d2000_debian_defconfig
```

（3）编译

```
make
```

编译时间较长，可能为十几个小时甚至更久，编译时长取决于网络状况以及主机性能。

output/images/Image Linux 内核镜像

output/images/e2000d * . dtb 为设备树镜像

output/images/rootfs. tar 为根文件系统

2. 内核编译

（1）如果有需要，可以单独编译内核。在主机 Ubuntu 环境内，首先从 gitee.com 获取内核代码。

```
git clone https://gitee.com/phytium_embedded/phytium-linux-kernel.git
```

（2）进行配置

```
make e2000_defconfig
```

（3）编译

```
make
```

时间大概是 50 分钟,编译成功后,

arch/arm64/boot/dts/phytium/e2000d ∗ .dtb 为设备树镜像,

arch/arm64/boot/Image 为 Linux 内核镜像。

3. 系统更新

(1) 通过 USB 读卡器,将 Micro SD 卡连接到 Ubuntu PC 机。

(2) 使用 df 命令获得 Micro SD 卡自动挂载设备名称。

```
linux@ubuntu:~ $ df
```

(3)更新 Micro SD 卡 Linux 内核镜像和设备树镜像。

1) 格式化删除原有的 Linux 内核镜像和设备树镜像。

```
linux@ubuntu:~ $ sudo mkfs.fat /dev/sdc1
linux@ubuntu:~ $ sudo mkfs.ext4 /dev/sdc2
```

2) 拷贝新的 Linux 内核镜像和设备树镜像到 Micro SD 卡第一分区。

```
linux@ubuntu:~ $ sudo mount /dev/sdc1 /mnt
linux@ubuntu:~ $ sudo cp Image /mnt
linux@ubuntu:~ $ sync
linux@ubuntu:~ $ sudo umount /mnt
```

3) 解压缩新的根文件系统到 Micro SD 卡第二分区。

```
linux@ubuntu:~ $ sudo mount /dev/sdc2 /mnt
linux@ubuntu:~ $ cd /mnt
linux@ubuntu:~ $ tar xvf <pathtobuild>output/images/rootfs.tar
linux@ubuntu:~ $ sync
linux@ubuntu:~ $ sudo umount /mnt
```

(4) U-boot 配置

如果更改启动介质可能需要更新 U-boot 配置,这里提供 MMC 启动的标准配置。

1) MMC 启动

```
E2000# setenv bootargs console = ttyAMA1,115200   audit = 0 earlycon = pl011,0x2800d000
root = /dev/mmcblk1p2 rootdelay = 3 rw;
E2000# mmc dev 1
E2000# fatload mmc 1:1 0x90000000 e2000d-chilli.dtb;
E2000# fatload mmc 1:1 0x90100000 Image;
E2000# booti 0x90100000 - 0x90000000
```

2) 更新 U-boot 配置自动启动

```
    E2000# setenv bootargs console = ttyAMA1,115200    audit = 0 earlycon = pl011,0x2800d000
root = /dev/mmcblk1p2 rootdelay = 3 rw;
    E2000# setenv bootcmd ˆmmc dev 1;fatload mmc 1:1 0x90000000 e2000d-chilli.dtb;fatload
mmc 1:1 0x90100000 Image;booti 0x90100000 - 0x90000000;ˆ
    saveenv
```

3）USB 启动配置

```
    E2000# setenv bootargs console = ttyAMA1,115200    audit = 0 earlycon = pl011,0x2800d000
root = /dev/sda2 rootdelay = 3 rw;
    E2000# usb start
    E2000# fatload usb 0:1 0x90000000 e2000d-chilli.dtb;
    E2000# fatload usb 0:1 0x90100000 Image;
    E2000# booti 0x90100000 - 0x90000000
```

4）更新 U-boot 配置自动启动

```
    E2000# setenv bootargs console = ttyAMA1,115200    audit = 0 earlycon = pl011,0x2800d000
root = /dev/sda2 rootdelay = 3 rw;
    E2000# setenv bootcmd ˆusb start;fatload usb 0:1 0x90000000 e2000d-chilli.dtb;fatload
usb 0:1 0x90100000 Image;booti 0x90100000 - 0x90000000;ˆ
    saveenv
```

至此完成了开发平台的搭建以及环境的配置，下面我们将在此平台的基础之上进行开发。

第 5 章

网关 **Linux** 编程基础

本章的网关 Linux 编程基础主要包括 TCP/IP 协议介绍、socket 网络编程、线程基本操作以及线程访问控制这四个方面。首先，TCP 协议是网络通信的基础，它提供了可靠的数据传输服务，通过三次握手建立连接，并使用确认机制确保数据的完整性和顺序性。其次，socket 网络编程的调用是实现网络通信的关键。它通过创建 socket、绑定地址和端口、监听连接、接受连接以及发送和接收数据等操作，可以建立并维护客户端和服务器之间的通信。再者，线程的基本操作是实现并发处理的重要手段。在 Linux 系统中，可以通过创建线程、线程同步、线程等待以及线程退出等操作来管理线程的生命周期和协调线程间的执行。最后，线程的访问控制是确保多线程环境下数据一致性和程序稳定性的关键。通过使用互斥锁、条件变量、读写锁和信号量等机制，可以实现对共享资源的访问控制，避免数据竞争和不一致性的发生。网关 Linux 编程基础涵盖了网络通信协议、网络编程调用、线程操作和线程访问控制等方面的内容，是开发高性能、稳定网关应用程序所必需的基础知识。

5.1   TCP/IP 协议概述

5.1.1   TCP/IP 参考模型

OSI 协议参考模型是基于国际标准化组织（ISO）的建议发展起来的，从上到下共分为 7 层：应用层、表示层、会话层、传输层、网络层、数据链路层及物理层。现如今这 7 层协议虽然得到很好地完善，但在实际生活中得不到广泛的应用。与此相区别的 TCP/IP 协议模型从一开始就遵循简单明了的设计思路。TCP/IP 协议模型将 7 层模型简化为 4 层模型，这 4 层模型从下到上分别为网络接口层、网络层、传输层、应用层。

下面详细介绍 TCP/IP 协议模型的 4 层模型，如表 5-1 所示。

表 5-1　TCP/IP 协议模型的 4 层模型

OSI 协议模型	TCP/IP 协议模型	常用协议
应用层	应用层	FTP、SSH、Telnet、SMTP、HTTP、HTTPS、DNS、TFTP、SNMP、DHCP
表示层		
会话层		
传输层	传输层	TCP、UDP
网络层	网络层	ICMP、IP、OSPF、RIP、ARP、RARP
数据链路层	网络接口层	以太网、ATM、HDLC
物理层		RS-232、EIA/TIA、RJ-45 等

1. 网络接口层

功能:实现网卡接口的网络驱动程序,以处理数据在物理媒介(以太网)上的传输。

设备:网线、网桥、集线器、交换机。

常用协议:以太网是一种计算机局域网技术,它规定了包括物理层的连线、电子信号和介质访问层协议的内容。以太网是应用最普遍的局域网技术,取代了其他局域网技术如令牌环、FDDI 和 ARCNET。

2. 网络层

功能:实现数据包的选择和转发。

设备:路由器。

常用协议:

IP 协议根据数据包中目标 IP 地址的信息来决定如何将它发送给目标主机。如果数据包不能直接发送给目标主机,那么 IP 协议为它寻找一个合适的下一跳路由器,将数据包交给路由器来转发,多次之后数据包将到达目标主机,或者因发送失败而被丢弃。

ICMP 协议是网络层的另一个重要协议,它是 IP 协议的重要补充,主要用于检测网络连接。

OSPF(开放最短路径优先)协议:是一种动态路由更新协议,用于路由器之间的通信,并告知对方各自的路由信息。

ARP(地址解析协议)实现 IP 地址到物理地址(通常是 MAC 地址,通俗地理解就是网卡地址)的转换。ARP 协议将网络层中的 IP 地址转换为 MAC 地址,网络接口层可以根据 MAC 地址寻找对应的机器,实现数据传输。

RARP(逆地址解析协议)和 ARP 是相反的,它是实现从物理地址到 IP 地址的转换。RARP 协议仅用于网络上的某些无盘工作站,因为缺少储存设备,无盘工作站无法记录自己的 IP 地址,然而通过 RARP 就可以看到从物理地址到 IP 地址的映射。

3. 传输层

功能:为两台主机上的应用程序提供端到端的通信。

常用协议：TCP 协议（传输控制协议）为应用层提供可靠的、面向连接的流式服务。
UDP 协议（用户数据报协议）为应用层提供不可靠的、无连接的数据报服务。

4. 应用层

功能：负责处理应用程序的逻辑，比如文件传输、名称查询和网络管理等。

常用协议：

FTP（文件传输协议）是用于在网络上进行文件传输的一套标准协议，FTP 允许用户以文件操作的方式（如文件的增、删、改、查、传送等）与另一主机相互通信。

DNS（域名服务）协议可以提供机器域名到 IP 地址的转换，也可以根据域名找到对应的 IP 地址。

HTTP 协议（超文本传输协议）是一个简单的请求响应协议，它通常运行在 TCP 之上。

DHCP（动态主机配置协议）是 RFC 2131 定义的标准协议，该协议允许服务器向客户端动态分配 IP 地址和配置信息。

5.1.2　TCP 协议

1. 概述

TCP 是一种面向连接的、可靠的、基于字节流的传输层通信协议，同其他协议栈一样，TCP 需要向相邻的高层提供服务，由于 TCP 的上一层是应用层，因此，TCP 数据传输实现了从一个应用程序到另一个应用程序的数据传递。应用程序通过调用 TCP 的 API 使用 TCP 服务，根据目的地址和端口号给另一个应用程序发送数据。

应用程序通过打开一个 socket 来使用 TCP 服务，TCP 也可以管理到其他 socket 的数据传递。通过 socket 的源和目的可以区分两个应用程序之间的关联程度。

2. 协议内容

TCP 的对话通过三次握手来进行初始化，三次握手的目的是使数据段的发送和接收同步，告诉其他主机一次通信可接收的数据量，并建立虚连接，具体操作如图 5-1 所示。

第一次握手：Client 将标志位 SYN 置为 1，随机产生一个值 seq=J，并将该数据包发送给 Server，Client 进入 SYN_SENT 状态，等待 Server 确认。

第二次握手：Server 收到数据包后由标志位 SYN=1，知道 Client 请求建立连接，Server 将标志位 SYN 和 ACK 都置为 1，ack=J+1，随机产生一个值 seq=K，并将该数据包发送给 Client 以确认连接请求，Server 进入 SYN_RCVD 状态。

第三次握手：Client 收到确认后，检查 ack 是否为 J+1，ACK 是否为 1，如果正确则将标志位 ACK 置为 1，ack=K+1，并将该数据包发送给 Server，Server 检查 ack 是否为 K+1，ACK 是否为 1，如果正确则连接建立成功，Client 和 Server 进入 ESTABLISHED 状态，完成三次握手，随后 Client 与 Server 之间可以开始传输数据了。

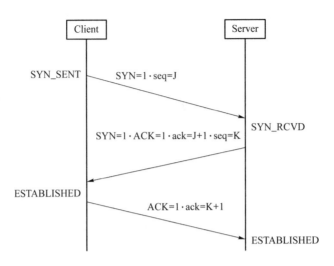

图 5-1　TCP 协议三次握手过程

　　TCP 实体所用的基本协议是滑动窗口协议。当发送方传送一个数据报时,它将启动计时器。当该数据报到达目的地后,接收方的 TCP 实体向回发送一个数据报,其中包含一个确认序号,如果发送方的定时器在确认信息到达之前超时,那么发送方会重新发送数据。

3. TCP 数据报头

TCP 数据报头格式如图 5-2 所示。

16位源端口								16位目的端口
32位序号								
32位确认序号								
4位首部长度	6位保留	U R G	A C K	P S H	R S T	S Y N	F I N	16位窗口大小
16位校验和								16位紧急指针
32位可选项								
32位数据								

图 5-2　TCP 数据报头格式

　　源目的端口:各占 2 个字节,分别写入源端口和目的端口,即表示来源和目标的进程。

　　32 位序号:占 4 个字节,TCP 传送的字节流中的每个字节都按顺序编号。例如,一段报文的序号字段值是 1,而携带的数据共有 200 字段,显然下一个报文段的数据序号应该从 201 开始。

　　32 位确认序号:占 4 个字节,是希望收到下一个数据报的序列号。例如,Server 收到

Client 发送过来的报文,报文序列号为 1,数据长度为 100 字节,Server 希望 Client 下一个数据报的序号为报文序列号(1)+数据长度(100),即 Server 发送给 Client 的确认序号为 101。

4 位首部长度:占 4 位,它指出 TCP 报文的数据距离 TCP 报文段的起始处有多远。

6 位保留:占 6 位,保留到以后使用,目前设置为 0。

URG:表示是否优先处理紧急数据。当 URG=1 时,表示紧急指针字段有效,并告诉系统有紧急数据需要处理。

ACK:表示是否有确认字段。当 ACK=1 时,确认字段才有效,在 TCP 规定下,在连接建立后所有报文的传输都必须把 ACK 置为 1。

PSH:表示带有 PUSH 标志的数据。接收方在请求数据一到便可将数据送往应用程序,而不必等到缓冲区装满时才传送。

RST:表示复位由于主机崩溃或者其他原因而出现的错误的连接。当 RST=1 时表示 TCP 连接中出现严重错误,必须释放连接,然后重新建立连接。

SYN:表示在建立连接时的同步序号。当 SYN=1,ACK=0,表示连接请求报文,若同意连接,则响应报文中应该使 SYN=1,ACK=1。

FIN:表示用来释放连接。当 FIN=1,表示此报文的发送方的数据已经发送完毕,并且要求释放。

16 位窗口大小:占 2 字节,指的是发送方告诉接收方发送的报文需要预留的空间大小。

16 位检验和:占 2 字节,是为了确保数据的正确性而设置的。它可以检验头部,数据和伪 TCP 头部。

16 位紧急指针:占 2 字节,指出报文中的紧急数据的字节数。

可选项:0 个或者多个 32 位字,包括最大 TCP 载荷、窗口比例、选择重发数据报等选项。

5.2　socket 编程接口

5.2.1　socket 编程接口概述

在 Linux 中的网络编程是通过调用 socket 接口来进行的,socket 接口是一种特殊的 I/O,它是一种文件描述符。socket 是指将网络协议的通信流程封装成可以调用的标准接口,这种标准接口即 socket 接口,socket 又被称为套接字,每一个 socket 都可以用一个半相关描述{协议、本地地址、本地端口号},即三元组。一个完整的套接字则用一个相关的描述表示{协议、本地地址、本地端口、远程地址、远程端口},即一个五元组。socket 也有一个类似于打开文件的函数调用,该函数返回一个整型的 socket 描述符,随后的连接建立、数据传输等操作都是通过 socket 来实现的。

常见的 socket 有 3 种类型如下：

1. 流式 socket(SOCK_STREAM)

流式套接字提供可靠的、面向连接的通信流；它使用 TCP 协议，从而保证了数据传输的正确性和顺序性。

2. 数据报 socket(SOCK_DGRAM)

数据报套接字定义了一种无连接的服务，数据通过相互独立的报文进行传输，是无序的，并且不保证是可靠的、无差错的，它使用数据报协议 UDP。

3. 原始 socket(SOCK_RAW)

原始套接字允许对底层协议如 IP 或者 ICMP 进行直接访问，它功能强大但用处不广，主要用于一些协议的开发。

5.2.2 socketAPI 接口定义

1. 创建套接字--socket( )

应用程序在使用套接字之前需要创建一个套接字，调用的格式如下：

```
SOCKET PASCAL FAR socket(int af, int type, int protocol)
```

该函数要接收三个参数：af、type、protocol

参数 af 指定通信发生的区域：AF_UNIX、AF_INET、AF_NS 等，而 DOS、WINDOWS 中仅支持 AF_INET，它是网际网区域。参数 type 描述要建立的套接字的类型，类型分为三种流式 socket、数据报 socket、原始 socket，这三种类型中选择一种类型。参数 protocol 表示该套接字使用的协议，如果调用者不希望特别指定使用的协议，则置为 0，使用默认的连接模式。根据这三个参数建立一个套接字，并将相应的资源分配给它，同时返回一个整型套接字号。

2. 指定本地地址--bind( )

当一个套接字用 socket()创建后，存在一个名字空间(地址族)，但它没有被命名。bind()将套接字地址(包括本地主机地址和本地端口地址)与所创建的套接字号联系起来，即将名字赋予套接字。其调用格式如下：

```
int PASCAL FAR bind(SOCKET s, const struct sockaddr FAR * name, int namelen)
```

参数 s 是由 socket()调用返回的并且未作连接的套接字描述符(套接字号)。参数 name 是赋给套接字 s 的本地地址(名字)，其长度可变，结构随通信域的不同而不同。

namelen 表明了 name 的长度。如果没有错误发生,bind()返回 0。否则返回 SOCKET_ERROR。

3. 建立套接字连接--connect( )与 accept( )

connect()用于客户端与服务端建立连接。accept()用于使服务端等待来自某客户端进程的实际连接。

connect()的调用格式如下:

```
int PASCAL FAR connect(SOCKET s, const struct sockaddr FAR * name, int namelen)
```

参数 s 是要建立连接的本地套接字描述符;参数 name 指出说明对方套接字地址结构的指针;参数 namelen 表示对方套接字地址长度。如果没有错误发生,connect()返回 0,否则返回值 SOCKET_ERROR。在调用 connect()后,客户端与服务端建立连接。

accept()的调用格式如下:

```
SOCKET PASCAL FAR accept(SOCKET s, struct sockaddr FAR * addr, int FAR * addrlen)
```

参数 s 为本地套接字描述符,在用做 accept()调用的参数前应该先调用过 listen()。addr 指向客户端套接字地址结构的指针。addrlen 为客户端套接字地址的长度(字节数)。如果没有错误发生,accept()返回一个 SOCKET 类型的值,表示接收到的套接字的描述符。否则返回值 INVALID_SOCKET。

accept()用于面向连接服务器。在调用 accept()后,等待客户端申请连接请求,客户端完成 connet()连接请求后,accept()将客户端的地址信息存入 addr 和 addrlen 中,并创建一个与 s 有相同特性的新套接字号。新的套接字可用于处理服务器并发请求。

四个套接字系统调用:socket()、bind()、connect()、accept(),可以完成一个完全五元相关的建立。socket()指定五元组中的协议元,它的用法与是否为客户或服务器、是否面向连接无关。bind()指定五元组中的本地二元,即本地主机地址和端口号,其用法与是否面向连接有关:在服务端,无论是否面向连接,均要调用 bind(),在客户端,通过connect()自动完成。

4. 监听连接--listen( )

此调用用于面向连接服务器,表明它愿意接收连接。listen()需在 accept()之前调用,其调用格式如下:

```
int PASCAL FAR listen(SOCKET s, int backlog)
```

参数 s 表示一个本地已建立、尚未连接的套接字号,服务器愿意从它上面接收请求。backlog 表示请求连接队列的最大长度,用于限制排队请求的个数,目前允许的最大值为5。如果没有错误发生,listen()返回 0。否则它返回 SOCKET_ERROR。listen()在执行调用过程中可以为没有调用过 bind()的套接字 s 完成所必需的连接,并建立长度为backlog 的请求连接队列。

5. 数据传输--send( )与 recv( )

当客户端与服务端连接建立以后,就可以传输数据了。常用的系统调用有 send()和 recv()。send()用于在指定已连接的数据报或流套接字上发送输出数据,格式如下:

```
intPASCAL FAR send(SOCKET s, const char FAR * buf, int len, int flags)
```

参数 s 为已连接的本地套接字描述符。buf 指向存有发送数据的缓冲区的指针,其长度由 len 指定。flags 指定传输控制方式,如是否发送带外数据等。如果没有错误发生,send()返回总共发送的字节数。否则它返回 SOCKET_ERROR。

recv()调用用于在指定已连接的数据报或流套接字上接收输入数据,格式如下:

```
int PASCAL FAR recv(SOCKET s, char FAR * buf, int len, int flags)
```

参数 s 为已连接的套接字描述符。buf 指向接收输入数据缓冲区的指针,其长度由 len 指定。flags 指定传输控制方式,如是否接收带外数据等。如果没有错误发生,recv()返回总共接收的字节数。如果连接被关闭,返回 0。否则它返回 SOCKET_ERROR。

6. 输入/输出多路复用--select( )

select()调用用来检测一个或多个套接字的状态。对每一个套接字来说,这个调用可以请求读、写或错误状态方面的信息。请求给定状态的套接字集合由一个 fd_set 结构指示。在返回时,此结构被更新,以反映那些满足特定条件的套接字的子集,同时,select()调用返回满足条件的套接字的数目,其调用格式如下

```
int PASCAL FAR select(int nfds, fd_set FAR * readfds, fd_set FAR * writefds, fd_set FAR *
exceptfds, const struct timeval FAR * timeout)
```

参数 nfds 指明被检查的套接字描述符的值域,此变量一般被忽略。

参数 readfds 指向要做读检测的套接字描述符集合的指针,调用者希望从中读取数据。参数 writefds 指向要做写检测的套接字描述符集合的指针。exceptfds 指向要检测是否出错的套接字描述符集合的指针。timeout 指向 select()函数等待的最大时间,如果设为 NULL 则为阻塞操作。select()返回包含在 fd_set 结构中已准备好的套接字描述符的总数目,或者是发生错误则返回 SOCKET_ERROR。

7. 关闭套接字--closesocket( )

closesocket()关闭套接字 s,并释放分配给该套接字的资源;如果 s 涉及一个打开的 TCP 连接,则该连接被释放。closesocket()的调用格式如下:

```
BOOL PASCAL FAR closesocket(SOCKET s)
```

参数 s 为待关闭的套接字描述符。如果没有错误发生,closesocket()返回 0。否则返回值 SOCKET_ERROR。

5.2.3 客户端/服务端模式

服务端与客户端 socket 编程的通信流程如图 5-3 所示。

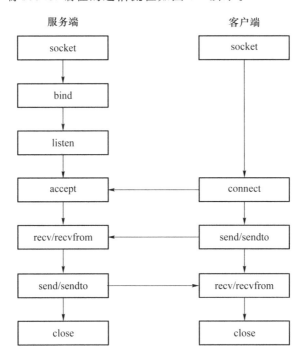

图 5-3 使用 TCP 协议 socket 编程的通信流程图

服务端用 socket 创建套接字 s,并用 bind 对本地地址和本地端口进行绑定,然后用 listen 开始监听,等待客户端来连接。客户端用 socket 创建套接字 s,设置好本地地址和本地端口,调用 connect 向服务端发起请求连接;服务端的 accept 等待客户端的 connect 请求,当服务端收到 connect 的请求时,服务端与客户端开始建立连接了,连接完成时,接下来客户端与服务端可以调用 recv 和 send 收发消息进行通信,最后将客户端和服务端进行关闭。

5.3 线程基本操作

这里要讲的线程相关操作都是用户空间线程的操作。在 Linux 中,一般 Pthread 线程库是一套通用的线程库,是由 POSIX 提出的,具有很好的可移植性。

5.3.1　线程的创建和退出

1. 介绍

创建线程实际上就是确定调用该线程函数的入口点,这里通常用的创建线程函数是 pthread_create,在线程创建之后,就开始运行相关的线程函数,在运行完该线程的所有操作后,该线程应该及时退出,退出线程的函数是 pthread_exit,调用该函数线程就完成退出了。在使用线程函数的时候,需要注意 exit 的用法。

退出线程时不能随意使用 exit 退出线程,由于 exit 的作用是使调用的进程终止,往往一个进程中包含多个线程,因此,如果完成的任务(一个进程)有多个线程时,在使用 exit 之后,该任务进程中的所有线程都终止了,因此在线程中就可以使用 pthread_exit 来代替进程中的 exit。

由于一个进程中的多个线程是共享数据段的,因此通常在线程退出之后,退出线程的资源并不会因为线程的终止而得到释放。正如在进程中用 wait() 系统调用来完成退出线程的终止与退出线程资源的释放的同步运行。线程之间也有类似机制,就是 pthread_join() 函数。pthread_join() 函数可以用于将当前线程挂起,等待线程结束。这个函数是一个线程阻塞的函数,在任务中调用它,该函数将一直等待被等待的线程结束为止,当函数返回时,被等待的线程的资源被回收。

2. 接口格式

线程的创建和退出接口格式如表 5-2 所示。

表 5-2　线程的创建和退出接口格式介绍

函数原型	函数传入值	函数返回值
int pthread_create((pthread_t * thread,pthread_attr_t * attr, void * (* start_routine)(void *), void * arg))	thread:线程标识符 attr:线程属性设置 start_routine:线程函数的起始地址 arg:传递给 start_routine 的参数	成功:0 失败:−1
void pthread_exit(void * retval)	Retval:pthread_exit()调用者线程的返回值	retval 有值返回 retval
int pthread_join((pthread_t th , void * * thread_return))	th:等待线程的标识符 thread_return:用户定义的指针,用来存储被等待线程的返回值	成功:0 失败:−1

3. 接口使用

下面进行接口的测试,准备创建两个线程,用 c＋＋进行编写,最后打印两个线程的内容,代码部分如图 5-4 所示。

```cpp
# include < iostream >
# include < pthread. h >
using namespace std;
void * thread1(void * args)
{
    int i = 0;
    for(i = 0; i < 3; i ++)
    {
        cout <<"This is a pthread1.\n"<< endl;
    }
    pthread_exit(0);
    return 0;
}
void * thread2(void * args)
{
    int i = 0;
    for(i = 0; i < 3; i ++)
    {
        cout <<"This is a pthread 2.\n"<< endl;
    }
    pthread_exit(0);
    return 0;
}
```

(a)

```cpp
int main(void)
{
pthread_t id1, id2;
int ret;
/ * 创建线程一 * /
ret = pthread_create(&id1, NULL, thread1, NULL);
if(ret! = 0)
{
    cout <<"Create pthread error.\n"<< endl;
    exit(1);
}
/ * 创建线程二 * /
ret = pthread_create(&id2, NULL, thread2, NULL);
if(ret! = 0)
{
```

```
        cout <<"Create pthread error.\n"<< endl;
        exit(1);
    }
    /*等待线程结束*/
    pthread_join(id1,NULL);
    pthread_join(id2,NULL);
    exit(0);
    return 0;
    }
```

(b)

图 5-4　接口的测试代码示例

运行结果如图 5-5 所示,可以看到线程一的内容与线程二的内容相互交叉打印处理,没有按顺序打印,这是因为创建线程一后直接创建线程二,导致系统同时运行两个线程,这样虽然线程没有按顺序运行但可以同时运行两个线程并且都执行完两个线程的所有内容,完成了多线程的运行方式。

```
This is a pthread 1.
This is a pthread 2.
This is a pthread 2.
This is a pthread 2.
This is a pthread 1.
This is a pthread 1.
```

图 5-5　运行结果图

5.3.2　修改线程属性

1. 介绍

在创建线程的 pthread_create 函数中的第二参数为线程的属性,在上一个实例中,将该值设为 NULL,也就是采用默认属性,其实线程的多项属性都是可以修改的。这些属性主要包括绑定属性、分离属性、堆栈地址、堆栈大小、优先级。

其中系统默认的属性为非绑定、非分离、缺省 IM 的堆栈,与父进程具有同样级别的优先级。下面首先对绑定属性和分离属性的基本概念进行讲解。

(1)绑定属性

前面讲到 Linux 中采用"一对一"的线程机制,也就是一个用户线程对应一个内核线程,绑定属性就是指一个用户线程固定地分配给一个内核线程,因为 CPU 时间片的调度是面向内核线程(轻量级进程)的,因此具有绑定属性的线程可以保证在需要的时候总有一个内核线程与之对应,而与之相对的非绑定属性就是指用户线程和内核线程的关系不是始终固定的,而是由系统来控制分配的。

（2）分离属性

分离属性是用来决定一个线程以什么样的方式来终止自己,在非分离情况下,当一个线程结束时,它所占用的系统资源并没有被释放,也就是没有真正的结束。只有当pthread_join()函数返回时,创建的线程才能释放自己占用的系统资源。而在分离属性的情况下,一个线程结束时立即释放它所占有的系统资源,这里有一些特殊的情况需要注意一下,如果设置一个线程的分离属性,而这个线程运行又非常快,那么它可能在pthread_create 函数返回之前就终止了,它终止以后就可能将线程号和系统资源移交给其他的线程使用,这时调用 pthread_create 的线程就得到了错误的线程号。

这些属性的设置都是通过一定的函数来完成的,通常首先先调用 pthread_attr_init函数进行初始化,之后再调用相应的属性设置函数。设置绑定属性的函数为 pthread_attr_setscope,设置线程分离属性的函数为 pthread_attr_setdetachstate,设置线程优先级的相关函数为 pthread_attr_getschedparam（获取线程优先级）和 pthread_attr_setschedparam（设置线程优先级）,在设置完这些属性后,就可以调用 pthread_create 函数来创建线程了。

2. 接口格式

修改线程属性的接口格式如表 5-3 所示。

表 5-3　修改线程属性的接口格式

函数原型	函数传入值	函数返回值
int pthread_attr_init(pthread_attr_t * attr)	attr:线程属性	成功:0 出错:−1
int pthread_attr_setscope(pthread_attr_t * attr, int scope)	attr:线程属性 scope:绑定或者非绑定	
int pthread_attr_setscope(pthread_attr_t * attr, int detachstate)	attr:线程属性 detachstate:分离或者非分离	
int pthread_attr_getschedparam(pthread_attr_t * attr, struct sched_param * param)	attr:线程属性 param:线程优先级	
int pthread_attr_setschedparam(pthread_attr_t * attr, struct sched_param * param)	attr:线程属性 param:线程优先级	

5.3.3　使用案例

将线程一设置为分离属性,线程二没有改变其属性,结果如图 5-6 所示:

```cpp
#include<iostream>
#include<pthread.h>
#include<time.h>
using namespace std;
void* thread1(void* args)
{
int i = 0;
for(i = 0; i<3; i++)
{
    cout<<"This is a pthread1.\n"<<endl;
}
pthread_exit(0);
return 0;
}
void* thread2(void* args)
{
int i = 0;
for(i = 0; i<3; i++)
{
    cout<<"This is a pthread2.\n"<<endl;
}
pthread_exit(0);
return 0;
}
```

(a)

```cpp
int main(void)
{
pthread_t id1, id2;
int ret;
pthread_attr_t attr;
/* 初始化线程 */
pthread_attr_init(&attr);
/* 设置线程绑定属性 */
pthread_attr_setscope(&attr, PTHREAD_SCOPE_SYSTEM);
/* 设置线程分离属性 */
pthread_attr_setdetachstate(&attr,PTHREAD_CREATE_DETACHED);
/* 创建线程一 */
ret = pthread_create(&id1, &attr, thread1, NULL);
if(ret!= 0)
```

```
{
    cout <<"Create pthread error.\n"<< endl;
    exit(1);
    }
/ * 创建线程二 * /
ret = pthread_create(&id2, NULL, thread2, NULL);
if(ret!= 0)
{
    cout <<"Create pthread error.\n"<< endl;
    exit(1);
}
/ * 等待线程结束 * /
cout << pthread_join(id1, NULL) << endl;
pthread_join(id2, NULL);
return 0;
}
```

(b)

图 5-6　线程设置代码示例

运行结果如图 5-7 所示,线程一调用 pthread_join()函数返回 22,说明该函数运行错误,即线程一已经处于分离状态,不能被系统回收。

```
22
This is a pthread2.
This is a pthread2.
This is a pthread2.
This is a pthread1.
This is a pthread1.
This is a pthread1.
```

图 5-7　运行结果图

5.4　线程访问控制

由于线程共享进程的资源和地址空间,因此对这些资源进行操作时,必须考虑到线程间资源访问的唯一性问题,这里主要介绍 posix 中线程同步的方法,主要有互斥锁和信号量的方式。

5.4.1 mutex 互斥锁线程控制

1. 介绍

mutex 是一种简单加锁的方法来控制对共享资源的存取,这个互斥锁只有两种状态,也就是上锁和解锁,也可以把互斥锁看作某种意义上的全局变量。在同一时刻只能有一个线程掌握某个互斥上的锁,拥有上锁状态的线程能够对共享资源进行操作,如果其他线程上锁一个已经正在上锁的互斥锁,则该线程就会开始挂起,直到上锁的线程释放掉互斥锁为止,可以说这把互斥锁使得共享资源按序在各个线程中操作。

对互斥锁的操作主要包括以下几个步骤:

互斥锁的初始化:pthread_mutex_init

互斥锁上锁:pthread_mutex_lock

互斥锁判断上锁:pthread_mutex_trylock

互斥锁解锁:pthread_mutex_unlock

消除互斥锁:pthread_mutex_destroy

其中,互斥锁可以分为快速互斥锁、递归互斥锁和检错互斥锁。这三种锁的区别主要在于其他未占互斥锁的线程在希望得到互斥锁时的是否需要阻塞等待。快速锁是指调用线程会阻塞直至拥有互斥锁的线程解锁为止。递归互斥锁能够成功地返回并且增加调用线程在互斥上加锁的次数,而检错互斥锁则为快速互斥锁的非阻塞版本,它会立即返回并返回一个错误信息。

2. 接口格式

互斥锁接口的语法特点如表 5-4 所示。

表 5-4 互斥锁接口的语法特点

函数原型	函数传入值	函数返回值
int pthread_mutex_init(pthread_mutex_t * mutex,const pthread_mutexattr_t * mutexattr)	Mutex:互斥锁 Mutexattr:快速互斥锁、递归互斥锁和检错互斥锁	成功:0 失败:-1
int pthread_mutex_lock(pthread_mutex_t * mutex,)	Mutex:互斥锁	
int pthread_mutex_trylock(pthread_mutex_t * mutex,)	Mutex:互斥锁	
int pthread_mutex_unlock(pthread_mutex_t * mutex,)	Mutex:互斥锁	
int pthread_mutex_destroy(pthread_mutex_t * mutex,)	Mutex:互斥锁	

3. 使用实例

下面将创建两个线程进行测试,线程一和线程二都循环执行二次,线程一设置互斥锁上锁,互斥锁处理变量,互斥锁解锁三个步骤,线程二设置互斥锁测试上锁,互斥锁处理变量,互斥锁解锁,在主函数中互斥锁初始化,创建两个线程,最后将两个线程的资源回收,代码示例如图 5-8 所示。

```cpp
#include<iostream>
#include<pthread.h>
#include<time.h>
#include<errno.h>
#include<windows.h>
using namespace std;
/*定义互斥锁*/
pthread_mutex_t mutex = PTHREAD_MUTEX_INITIALIZER;
/*定义变量*/
int lock_var;
void* thread1(void* args)
{
    for(int i = 0; i<2; i++)
    {
        /*互斥锁上锁*/
        if(pthread_mutex_lock(&mutex) == 0)
        {
            cout <<"pthread1: pthread1 lock the variable.\n"<< endl;
        }
        Else
        {
            cout <<"pthread1: pthread1 error.\n"<< endl;
        }
        /*互斥锁处理变量*/
        for(i = 0; i<3; i++)
        {
            lock_var++;
            cout <<"pthread1: deal with the variable.\n"<< endl;
            Sleep(5);
        }
        /*互斥锁解锁*/
        if(pthread_mutex_unlock(&mutex) == 0)
        {
            cout <<"pthread1: pthread1 unlock the variable.\n"<< endl;
        }
        else
```

```
        {
            cout <<"pthread1: pthread1 error.\n"<< endl;
        }
            Sleep(10);
}
pthread_exit(0);
return 0;
```

(a)

```
void * thread2(void * args)
{
for(int i = 0; i < 2; i++)
{
    /* 互斥锁测试上锁 */
    int ret = pthread_mutex_trylock(&mutex);
    if(ret == EBUSY)
    {
        cout <<"pthread2: the variable is locked by pthread1.\n"<< endl;
    }
    else
    {
        if(ret!= 0)
        {
            cout <<"pthread2: pthread2 error.\n"<< endl;
        }
        else
        {
            cout <<"pthread2:pthread2 got lock. The variable is"<< lock_var << endl;
        }
        /* 互斥锁处理变量 */
        for(int i = 0; i < 3; i++)
        {
            cout <<"pthread2: deal with the variable.\n"<< endl;
        }
        /* 互斥锁解锁 */
        if(pthread_mutex_unlock(&mutex) == 0)
        {
            cout <<"pthread2: pthread2 unlock the variable.\n"<< endl;
        }
        else
```

```
            {
                cout <<"pthread2:pthread2error.\n"<< endl;
            }
        }
        Sleep(100);
    }
    pthread_exit(0);
    return 0;
}
```

(b)

```
    int main(void)
    {
    pthread_t id1, id2;
    int ret;
    /* 互斥锁初始化 */
    pthread_mutex_init(&mutex,NULL);
    /* 创建线程一 */
    ret = pthread_create(&id1, NULL, thread1, NULL);
    if(ret!= 0)
    {
        cout <<"Create pthread error.\n"<< endl;
        exit(1);
        }
    /* 创建线程二 */
    ret = pthread_create(&id2, NULL, thread2, NULL);
    if(ret!= 0)
    {
        cout <<"Create pthread error.\n"<< endl;
        exit(1);
    }
    /* 等待线程结束 */
    pthread_join(id1, NULL);
    pthread_join(id2, NULL);
    return 0;
    }
```

(c)

图 5-8　线程设置代码示例

运行结果如图 5-9 所示,线程一执行一次,线程二执行二次,线程二第一次执行观察
该变量已经被线程一锁住,第二次正常运行。

```
pthread1：pthread1 lock the variable.

pthread2：the variable is locked by pthread1.

pthread1：deal with the variable.

pthread1：deal with the variable.

pthread1：deal with the variable.

pthread1：pthread1 unlock the variable.

pthread2：pthread2 got lock. The variable is 3.

pthread2：deal with the variable.

pthread2：deal with the variable.

pthread2：deal with the variable.

pthread2：pthread2 unlock the variable.
```

图 5-9　运行结果图

5.4.2　信号量线程控制

1. 介绍

信号量是操作系统中所用到的 PV 原语，它广泛用于进程或者线程的同步与互斥。信号量本质上是一个非负的整数计数器，它被用来控制对公共资源的访问。

PV 原语是对整数计数器信号量 sem 的操作，一次 P 操作使 sem 减一，而一次 V 操作使 sem 加一。进程或者线程根据信号量的值来判断是否对公共资源具有访问权限，当信号量 sem 的值大于等于零时，该进程或者线程具有公共资源的访问资源；相反，当信息量 sem 的值小于零时，该进程或者线程将阻塞直到信号量 sem 的值大于或等于 0 为止。

PV 原语主要用于进程或者线程间的同步和互斥这两种情况，若用于互斥，几个进程或者线程往往只设置一个信号量 sem，它们的操作流程如图 5-10 所示。

当信号量用于同步操作时，往往会设置多个信号量，并安排不同的初始值来实现它们之间的顺序执行，它们操作流程如图 5-11 所示。

2. 接口说明

Linux 实现了 POSIX 的无名信号量，主要用于线程间的互斥同步，下面主要介绍一下实现该功能的函数。

sem_init 用于创建一个信号量，并能初始化它的值。

sem_wait 和 sem_trywait 相当于 P 操作，它们都能将信号量的值减一，两者的区别在于若信号量小于零时，sem_wait 将会阻塞进程，而 sem_trywait 则会立即返回。

sem_post 相当于 V 操作，它将信号量的值加一同时发出信号唤醒等待的进程。

sem_getvalue 用于得到信号量的值。

sem_destroy 用于删除信号量。

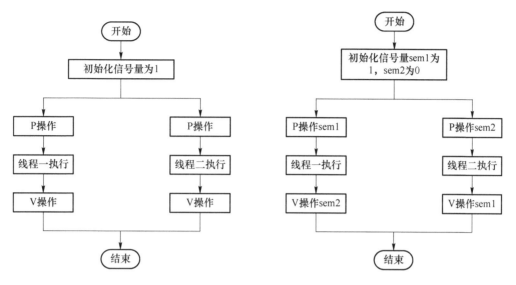

图 5-10 信号量互斥操作   图 5-11 信号量同步操作

3. 接口格式

表 5-5 信号量接口语法特点

函数原型	函数传入值	函数返回值
int sem_init(sem_t * sem,int pshared, unsigned int value)	sem:信号量 pshared:决定信号量能否在几个进程间共享	
int sem_wait(sem_t * sem)		成功:0 失败:-1
int sem_trywait(sem_t * sem)	Sem:信号量	
int sem_post(sem_t * sem)		
int sem_getvalue(sem_t * sem)		
int sem_destroy(sem_t * sem)		

4. 使用实例

下面创建一个实例,在实例中对 lock_var 进行操作,创建两个线程,一个线程对 lock_var 进行操作,另一个线程打印出 lock_var 的值,线程的信号量是采用互斥操作,代码示例如图 5-12 所示。

```
# include < iostream >
# include < pthread.h >
# include < time.h >
# include < errno.h >
# include < windows.h >
```

```
# include< semaphore.h>
using namespace std;
/* 定义信号量 */
sem_t sem;
/* 定义变量 */
int lock_var = 0;
time_t end_time;
void* pthread1(void* args)
{
    while(time(NULL) < end_time)
    {
        /* 信号量减一,P 操作 */
        sem_wait(&sem);
        for(int i = 0; i < 2; i++)
        {
            lock_var++;
            printf("lock_var = %d\n", lock_var);
        }
        printf("pthread1: lock_var = %d\n", lock_var);
        /* 信息量加一,V 操作 */
        sem_post(&sem);
        Sleep(1000);
    }
}
void* pthread2(void* args)
{
    while(time(NULL) < end_time)
    {
        /* 信号量减一,P 操作 */
        sem_wait(&sem);
        printf("pthread2: pthread1 got lock_var; lock_varm %d\n", lock_var);
        /* 信号量加一,V 操作 */
        sem_post(&sem);
        Sleep(1000);
    }
}
```

(a)

```
int main(void)
{
pthread_t id1, id2;
int ret;
end_time = time(NULL) + 30;
```

```
/ * 初始化信号量为 1 * /
ret = sem_init(&sem, 0, 1);
/ * 创建线程一 * /
ret = pthread_create(&id1, NULL, pthread1, NULL);
if(ret!= 0)
{
    cout <<"Create pthread error.\n"<< endl;
    exit(1);
}
/ * 创建线程二 * /
ret = pthread_create(&id2, NULL, pthread2, NULL);
if(ret!= 0)
{
    cout <<"Create pthread error.\n"<< endl;
    exit(1);
}
/ * 等待线程结束 * /
pthread_join(id1, NULL);
pthread_join(id2, NULL);
return 0;
}
```

(b)

图 5-12　代码示例

运行结果如图 5-13 所示,线程一和线程二信号量互斥并按顺序运行。

```
lock_var = 1
lock_var = 2
pthread1：lock_var = 2
pthread2：pthread1 got lock_var；lock_var = 2
lock_var = 3
lock_var = 4
pthread1：lock_var = 4
pthread2：pthread1 got lock_var；lock_var = 4
pthread2：pthread1 got lock_var；lock_var = 4
```

图 5-13　运行结果图

在了解 Linux 网络编程以后,下一章节,本书将对网关所支持的通信协议进行详细的讲解和实例演示。

第6章

网关常用协议的工作原理

6.1　MQTT 协议配置

6.1.1　MQTT 简介

MQTT 全称为 Message Queuing Telemetry Transport(消息队列遥测传输)是一种基于发布/订阅范式的"轻量级"消息协议,由 IBM 发布。

MQTT 可以被解释为一种低开销,低带宽占用的即时通讯协议,可以用极少的代码和带宽为连接远程设备提供实时可靠的消息服务,它适用于硬件性能低下的远程设备以及网络状况糟糕的环境,因此 MQTT 协议在 IoT(Internet of things,物联网)、小型设备应用、移动应用等方面有较广泛的应用。IoT 设备要运作,就必须连接到互联网,设备才能相互协作,以及与后端服务的协同工作。而互联网的基础网络协议是 TCP/IP,MQTT 协议是基于 TCP/IP 协议栈构建的,因此它已经慢慢地已经成为 IoT 通讯的标准。下面介绍一下 MQTT 的基本特点。

(1) MQTT 是一种发布/订阅传输协议。

MQTT 协议提供一对多的消息发布,该协议需要客户端和服务端,而协议中主要有三种身份:发布者(Publisher)、代理(Broker,服务器)、订阅者(Subscriber)。其中,消息的发布者和订阅者都是客户端,消息代理是服务器,而消息发布者可以同时是订阅者;发布者通过服务器向订阅者发布消息,订阅者检查自己是否订阅该发布者,如果订阅者订阅过该发布者,订阅者则接收该发布者的消息,实现 MQTT 的通信。

(2) 使用 TCP/IP 提供网络连接,提供有序、无损、双向连接。

MQTT 是一种连接协议,它指定了如何组织数据字节并通过 TCP/IP 网络传输。设备联网,也需要连接到互联网中,在万维的世界中,TCP 如同汽车,有轮子就能用来运输数据,MQTT 就像是交通规则。在网络模型中,TCP 是传输层协议,而 MQTT 是在应用层,在 TCP 的上层,因此 MQTT 也是基于这个而构建的,提高了可靠性。

（3）对负载内容屏蔽的消息传输。

MQTT 可以对消息订阅者所接收到的内容有所屏蔽。

（4）具体有三种消息发布的服务质量。

至多一次,消息发布完全依赖底层 TCP/IP 网络。会发生消息丢失或重复。这一级别可用于如下情况,环境传感器数据,丢失一次读记录没关系,因为不久后还会有第二次发送。

至少一次,确保消息到达,但消息重复可能会发生。

只有一次,确保消息到达一次。这一级别可用于如下情况,在计费系统中,消息重复或丢失会导致不正确的结果。

（5）小型传输,开销小。

整体上 MQTT 协议可拆分为:固定头部＋可变头部＋消息体;固定长度的头部是 2 字节,使协议交换最小化,以降低网络流量。

（6）使用 Last Will 和 Testament 特性通知有关各方客户端异常中断的机制。

Last Will:即遗言机制,用于通知同一主题下的其他设备发送遗言的设备已经断开了连接。

Testament:遗嘱机制,功能类似于 Last Will。

6.1.2　MQTT 通信流程

MQTT 是轻量化的订阅发布模式,下面介绍其通信的实现原理。

MQTT 协议中有三种身份,:发布者(Publish)、代理(Broker)(服务器)、订阅者(Subscribe)。如图 6-1 所示,消息的发布者和订阅者都是客户端,消息代理是服务器。

图 6-1　MQTT 协议原理图

MQTT 传输的消息主要由主题(Topic)和负载(Payload)两部分组成。

Topic:消息的类型,订阅者订阅(Subscribe)后,就会收到该主题的消息内容(Payload)。

Payload:消息的内容,是指订阅者具体要使用的内容。

下面介绍 MQTT 协议的不同模块。

1. MQTT 客户端

MQTT 客户端可以是一个使用 MQTT 协议的设备、应用程序等,它有以下功能:可以发布信息,其他客户端可以订阅该信息;订阅其他客户端发布的消息;退订或删除应用程序的消息;断开与服务器连接。

2. MQTT 服务端

MQTT 服务器也称为 Broker(消息代理),是一个应用程序或一台设备。它位于消息发布者和订阅者之间。它有以下功能:接受来自客户端的网络连接;接受客户端发布的应用信息;处理来自客户端的订阅和退订请求;向订阅的客户转发应用程序消息。

3. 主题(Topic)

主题是连接到一个应用程序消息的标签,该标签与服务器的订阅相匹配。服务器会将消息发送给订阅所匹配标签的每个客户端。

要订阅的主题。一个主题可以有多个级别,级别之间用斜杠字符分隔。例如,/world 和 emq/emqtt/emqx 是有效的主题。订阅者的 Topic name 支持通配符♯和+(♯支持一个主题内任意级别话题,+只匹配一个主题级别的通配符)。客户端成功订阅某个主题后,代理会返回一条 SUBACK 消息,其中包含一个或多个 returnCode 参数。

4. QoS(消息传递的服务质量水平)

服务质量,标志表明此主题范围内的消息传送到客户端所需的一致程度。

值 0:不可靠,消息基本上仅传送一次,如果当时客户端不可用,则会丢失该消息。值1:消息应传送至少 1 次。值 2:消息仅传送一次。

5. 会话(Session)

每个客户端与服务器建立连接后就是一个会话,客户端和服务器之间有状态交互。会话存在于一个网络之间,也可能在客户端和服务器之间跨越多个连续的网络连接。

6. 订阅(Subscription)

订阅包含主题筛选器(Topic Filter)和最大服务质量(QoS)。订阅会与一个会话(Session)关联。一个会话可以包含多个订阅。每一个会话中的每个订阅都有一个不同的主题筛选器。

客户端在成功建立 TCP 连接之后,发送 CONNECT 消息,在得到服务器端授权允许建立彼此连接的 CONNACK 消息之后,客户端会发送 SUBSCRIBE 消息,订阅感兴趣的 Topic 主题列表(至少一个主题),订阅的主题名称采用 UTF-8 编码,然后紧跟着对应的 QoS 值。

7. 发布(Publish)

控制报文是指从客户端向服务端或者服务端向客户端传输一个应用消息,MQTT客户端发送消息请求,发送完成后返回应用程序线程。

6.1.3 MQTT 数据包格式

前小节讲到,在 MQTT 协议中有三个角色会参与到整个通信过程,发布(Publisher)、代理(Broker)和订阅(Subscriber)。有别于传统的客户端/服务器通讯协议,MQTT 协议并不是端到端的通信,而是通过代理来实现发布和接收的,包括会话(Session)也不是建立在发布者和订阅者之间,而是建立在端和代理之间。代理解除了发布者和订阅者之间的耦合。除了发布者和订阅者之间传递普通消息,代理还可以为发布者处理保留消息和遗愿消息,并可以更改服务质量(QoS)等级。

MQTT 协议工作在 TCP 之上,端和代理之间通过交换预先定义的控制报文来完成通信。MQTT 报文由 3 个部分组成,并按固定报头、可变报头、荷载顺序出现。

所有的 MQTT 控制报文都有一个固定报头,其格式如表 6-1 所示。

表 6-1 固定报头

位	4～7 位	0～3 位
字节 1	报文类型	标志位
字节 2 起	剩余长度	

该协议定义了 14 种 MQTT 报文,用于建立/断开连接、发布消息、订阅消息和维护连接。固定报头的第一字节的 4～7 位的值指定了报文类型,其取值如表 6-2 所示。0 和 15 为系统保留值;0-3 位为标志位,依照报文类型有不同的含义,事实上,除了 PUBLISH 报文以外,其他报文的标志位均为系统保留。如果收到报文的标志位无效,代理应断开连接。

表 6-2 报文类型

报文类型	值	描述
CONNECT	1	客户端向代理发起连接请求
CONNACK	2	连接确认
PUBLISH	3	发布消息
PUBACK	4	发布确认
PUBREC	5	发布收到(QoS2)
PUBREL	6	发布释放(QoS2)
PUBCOMP	7	发布完成(QoS2)
SUBSCRIBE	8	客户端向代理发起订阅请求
SUBACK	9	订阅确认
UNSUBSCRIBE	10	取消订阅
UNSUBACK	11	取消订阅确认
PINGREQ	12	PING 请求
PINGRESP	13	PING 响应
DISCONNECT	14	断开连接

固定报头的第二字节起表示报文的剩余长度。最大 4 个字节,每个字节可以编码至 127,并含有一位继续位,如继续位非 0,则下一字节依然为剩余长度。由此,理论上一个控制报文最长可以到 256 MB。

一些报文在固定报头和荷载之间可以有一个可变报头。可变报头的内容根据报文类型不同而不同。最常见的可变报头是报文标识符(PacketIdentifier)。

一些报文可以在最后携带一个荷载。不同的报文可以无荷载,可选荷载,或必须带有荷载。在这里将主要介绍 CONNECT 和 PUBLISH、SUBSCRIBE 报文的构成和报文响应行为。

1. CONNECT 报文

CONNECT 固定报头如表 6-3 所示。

表 6-3　CONNECT 固定报头

位	4-7 位	0-3 位
字节 1	CONNECT 类型	标志位
	0001	0000
字节 2 起	剩余长度	

CONNECT 可变报头由协议名、协议级别、连接标志位、keep Alive 等 4 部分组成。

协议名:协议名是 UTF-8 编码的大写的 MQTT。

协议级别:MQTT 3.1.1 的协议级别为 4。

连接标志位:定义连接行为的参数。如表 6-4 所示。

keep Alive:2 字节,客户端和代理之间的无活动时间超过该值后,应关闭连接。如果该值置 0 表示客户端不要求代理启用 KEEPALIVE 功能。

表 6-4　连接标志位

7	6	5	4	3	2	1	0
用户名	口令	保留遗愿	遗愿 QoS	遗愿 QoS	遗愿	清除会话	保留

清除会话标志位:这个标志位定义了如何处理会话状态。如果设置为 0,客户端和代理可以恢复上一次连接时的会话状态,如果上一次连接的会话状态不存在,代理将会为客户端建立一个新的会话。如果该位设置为 1,则双方将清除掉上一次连接的会话状态并建立一个新的会话。

遗愿标志位:如果遗愿标志为 1,则遗愿消息会被存储在代理上,当连接关闭时,代理将发布这个消息,除非在客户端断开连接时把遗愿消息清除了。

遗愿 QoS 标志位:指定了遗愿消息的服务质量等级。

保留遗愿消息标志位:指定在发布遗愿消息的时候,是否把该消息作为保留消息存储在代理。

用户名标志位:如果设置为 1,则用户名必须出现在荷载中,反之,用户名不允许出现在荷载中。

口令标志位:如果该位为 1,则口令必须出现在荷载中;如果该位为 0,则口令不允许出现在荷载中。如果用户名标志位为 0,则该位必须也为 0。

CONNECT 报文的荷载由一个或者多个字段组成,这些字段是否出现由可变报头中的标志位决定。字段总是以长度开始。字段出现的顺序必须是:客户端标识符,遗愿主题,遗愿消息,用户名,口令。

代理(服务端)在与发布者(客户端)建立连接后应该会收到 CONNECT 报文,如果在一定时间内代理没有收到 CONNECT 报文,则应该关闭这个 TCP 连接。在收到 CONNECT 报文后,代理应该检查报文格式是否符合协议标准。如果不符合协议标准,代理应关闭连接,且不发送 CONNACK 报文给客户端。代理可以检查 CONNECT 报文的内容并执行相应的认证和鉴权。如果这些检查没有通过,代理应该向客户端发送一个带有非 0 返回码的 CONNACK 报文。

2. PUBLISH 报文

PUBLISH 控制报文是指从客户端向服务端或者服务端向客户端传输一个应用消息。

PUBLISH 固定报文如表 6-5 所示。

表 6-5　PUBLISH 固定报文

位	7	6	5	4	3	2	1	0
字节 1	PUBLISH 类型				DUP	QoS-H	QoS-	RETAIN
	0	0	1	1	X	X	X	X
字节 2	剩余长度							

(1)重发标志 DUP

如果 DUP 标志被设置为 0,表示这是客户端或服务端第一次请求发送这个 PUBLISH 报文。如果 DUP 标志被设置为 1,表示这可能是一个早前报文请求的重发。

(2)服务质量等级 QoS

这个字段表示应用消息分发的服务质量等级,如表 6-6 所示。

表 6-6　服务质量等级

QoS	Bit2	Bit1	描述
0	0	0	最多分发一次
1	0	1	至少分发一次
2	1	0	只分发一次
-	1	1	保留位

(3)保留标志 RETAIN

用于保留客户端与服务端之间收发的消息。

PUBLISH 的可变报文按顺序包含主题名和报文标识符。

（4）主题名

主题名（Topic Name）用于识别有效载荷数据应该被发布到哪一个信息通道。

主题名在 PUBLISH 报文可变报头的第一个字段，主题名不能包含通配符。

3. 报文标识符

只有当 QoS 等级是 1 或 2 时，报文标识符（Packet Identifier）字段才能出现在 PUBLISH 报文中。

PUBLISH 报文的有效载荷包含被发布的应用消息。有效载荷的长度这样计算：用固定报头中的剩余长度字段的值减去可变报头的长度。另外，零长度有效载荷的 PUBLISH 报文也是合法的。

（1）响应

PUBLISH 报文的接收者必须按照根据 PUBLISH 报文中的 QoS 等级发送响应，如表 6-7 所示。

表 6-7 PUBLISH 报文的预期响应

服务质量等级	预期响应
QoS 0	无响应
QoS 1	PUBACK 报文
QoS 2	PUBREC 报文

（2）动作

客户端使用带通配符的主题过滤器请求订阅时，客户端的订阅可能会重复，因此发布的消息可能会匹配多个过滤器。对于这种情况，服务端必须将消息分发给所有订阅匹配的 QoS 等级最高的客户端。服务端之后可以按照订阅的 QoS 等级，分发消息的副本给每一个匹配的订阅者。

4. SUBSCRIBE 报文

客户端向服务器发送 SUBSCRIBE 报文用于创建一个或者多个订阅，服务器收到订阅请求后确认订阅的主题并返回 SUBACK 报文进行订阅确认。

SUBSCRIBE 固定报头如表 6-8 所示。

表 6-8 SUBSCRIBE 固定报头

位	7	6	5	4	3	2	1	0
字节 1	SUBSCRIBE 类型				保留位			
	1	0	0	0	0	0	1	0
字节 2	剩余长度							

SUBSCRIBE 的可变报头包含报文标识符。

SUBSCRIBE 报文的有效载荷必须包含至少一对主题过滤器和 QoS 等级字段组合。

6.1.4 MQTT API 介绍

1. MQTT Client_create 函数

格式：DLLExport int MQTTClient_create(MQTTClient * handle, const char * serverURI, const char * clientId，int persistence_type, void * persistence_context)

描述：MQTT Client_create 函数负责初始化一个 MQTT 客户端实例，并建立与 MQTT 服务器的连接。

功能：此函数用于创建一个 MQTT 客户端句柄，指定服务器地址、客户端标识符，以及消息持久化策略。

参数：

handle：指向 MQTTClient 句柄的指针。成功调用后，此句柄被填充以引用新创建的客户端实例。

serverURI：以空结尾的字符串，指定客户端将连接到的服务器地址，格式为 protocol://host:port。支持的协议包括 tcp 或 ssl；host 可以是 IP 地址或域名。

clientId：客户端标识符，是一个以空结尾的 UTF-8 字符串，用于在连接服务器时识别客户端实例。

persistence_type：指定消息持久化类型。可选值包括 MQTTCLIENT_PERSISTENCE_NONE（内存持久化）、MQTTCLIENT_PERSISTENCE_DEFAULT（默认文件系统持久化）、MQTTCLIENT_PERSISTENCE_USER（用户指定的持久化实现）。

persistence_context：根据持久化类型，此参数的用途会有所不同。对于 MQTTCLIENT_PERSISTENCE_NONE，应设置为 NULL；MQTTCLIENT_PERSISTENCE_DEFAULT 时，指定持久化存储的目录位置；MQTTCLIENT_PERSISTENCE_USER 时，指向一个有效的 MQTTClient_persistence 结构体。

返回值：成功时返回 int 类型的状态码，表示操作成功；失败时返回错误码，具体错误由 MQTT 客户端库定义。

2. MQTT Client_connect 函数

格式：int MQTTClient_connect（MQTTClient handle, MQTTClient_connectOptions * options）；

描述：MQTTClient_connect 函数尝试使用给定的连接选项将客户端与 MQTT 服务器连接。

功能：此函数负责建立客户端与 MQTT 服务器之间的连接，使用提供的连接选项进行配置。

参数：

handle：指向已创建的 MQTT 客户端句柄的指针。

options：指向 MQTT Client_connectOptions 结构的指针，其中包含了连接时的配置选项。

返回值：返回 int 类型的状态码，成功时表示连接已建立，失败时则返回错误码。

3. MQTTClient_subscribe 函数

格式：int MQTTClient_subscribe（MQTTClient handle，const char * topic，int qos）；

描述：MQTTClient_subscribe 函数允许客户端订阅一个或多个主题。

功能：客户端通过此函数订阅感兴趣的主题，当这些主题下有消息发布时，客户端会收到这些消息。

参数：

handle：指向 MQTT 客户端句柄的指针。

topic：要订阅的主题名称，可以包含通配符。

qos：请求的消息服务质量等级。

返回值：返回 int 类型的状态码，成功时表示订阅成功，失败时则返回错误码。

4. MQTTClient_publishMessage 函数

格式：int MQTTClient_publishMessage（MQTTClient handle，const char * topicName，MQTTClient_message * message，MQTTClient_deliveryToken * deliveryToken）；

描述：MQTTClient_publishMessage 函数负责向指定的主题发布消息。

功能：此函数允许客户端向指定的主题发布包含特定有效载荷的消息。

参数：

handle：指向 MQTT 客户端句柄的指针。

topicName：要发布消息的主题名称。

message：指向 MQTTClient_message 结构的指针，包含了要发布的消息内容和属性。

deliveryToken：指向 MQTTClient_deliveryToken 的指针。函数成功返回时，该 token 被赋值为代表消息的唯一标识。如果不使用 delivery token 功能，可将此参数设置为 NULL。

返回值：返回 int 类型的状态码，成功时表示消息已发布，失败时则返回错误码。

5. MQTTClient_waitForCompletion 函数

格式：Int MQTTClient_waitForCompletion（MQTTClient handle，MQTTClient_ delivery Token dt，unsigned long timeout）；

描述：MQTTClient_waitForCompletion 函数允许客户端等待一个已发布消息的传输完成。

功能：此函数阻塞调用线程，直至指定的消息成功传递或超时。

参数：

handle：指向 MQTT 客户端句柄的指针。

dt：代表待完成消息的 MQTTClient_deliveryToken。

timeout：最大等待时间（毫秒）。

返回值：返回 int 类型的状态码，成功时表示消息成功传递，失败时或超时则返回错误码。

6.1.5 MQTT 协议实现

Mosquitto 是一款开源的 MQTT 消息代理（服务器）软件，它提供轻量级的、支持可发布/可订阅的的消息推送模式，可以在设备与设备之间轻松实现 MQTT 协议。Mosquitto 在其中扮演着代理/服务端的角色，发布和订阅者都是客户端，如图 6-2 所示。下面介绍 Mosquitto 的搭建流程。

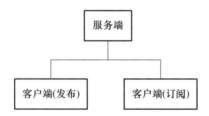

图 6-2 Mosquitto 的通信结构图

1. Mosquitto 搭建

在 Debian 系统下，可直接通过 debian 官方源来安装 mosquitto，安装命令如下：

```
sudo apt-get install mosquitto
sudo apt-get install mosquitto-dev
sudo apt-get install mosquitto-clients
```

mosquitto 是开机自动启动的，无需通过指令打开服务。使用如下命令，创建一个发布消息的客户端，该客户端发送给默认 localhost 的服务器主机，指定主题为"test"，指定自己的客户端唯一 ID 为"client2"，发送消息为"good，successfull"。

```
mosquitto_pub -h localhost -t"test " -i"client2"-m"good ,successfull"
```

```
mosquitto_sub -h localhost -t "test/#" -i "client1"
```

订阅这个主题的客户端可以输入如下指令对上面的"test "主题的消息进行订阅读取。

其中,"client1"为订阅者客户端唯一 ID,如果通信成功会订阅到发布端发送的"good,successfull"消息。

2. MQTT 发布端实现

在网关设计中,本文使用 C++设计 mqtt 的发布端,在工程文件中,src 文件夹中的 mqtt_task.h 和 mqtt_task.cpp 进行 mqtt 发布端的设计。

在 mqtt_task.h 头文件中我们定义 MQTT_TASK_STAT、MQTT_COMMAND、mqtt_config、mqtt_msg 结构体,代码示例如图 6-3 所示。

```
typedef enum MQTT_TASK_STAT
{
    MQTT_TASK_WAIT_CONFIG = 0,
    MQTT_TASK_WORKING,
    MQTT_TASK_RESET,
    MQTT_TASK_ERROR,
    MQTT_TASK_NOTHING
} MQTTTaskStat; //Main task status

typedef enum MQTT_COMMAND
{
    MQTT_CMD_PUB,
    MQTT_CMD_RESET
} MQTT_COMMAND; //Main task status

typedef struct mqtt_config {
    string    IPAddress;
    string    PortNum;
} MQTTConfig;

typedef struct mqtt_msg {
    uint8_t   Cmd;
    string    Message;
} MQTTMsg;
```

图 6-3　定义结构体代码示例图

在 mqtt_task.h 源文件中定义 MQTTTaskCm 类来执行 MQTT 任务,类里面的功能函数有 GetInstance、deleteInstance、initState、connectMQTT、pubMQTT 来实现 mqtt 的不同的功能,代码示例如图 6-4 所示。

在 mqtt_task.cpp 源文件中,通过定义宏如图 6-5 所示,设置 mqtt 发布端客户端的 ADDRESS 地址和 TOPIC 主题,消息载体 PAYLOAD,QOS 消息等级,TIMEOUT 超出时间等参数。

```
class MQTTTaskCm
{
public:
    static MQTTTaskCm* GetInstance()
    {
        return g_pTaskCm;
    }
    static void deleteInstance()
    {
        if (g_pTaskCm)
        {
            delete g_pTaskCm;
            g_pTaskCm = nullptr;
        }
    }
    void stateMachine(void* msg);
    void initState(void){stat = MQTT_TASK_WAIT_CONFIG;}
    bool connectMQTT(void);
    bool pubMQTT(string &msg);
private:
    MQTTTaskCm(){}
    ~MQTTTaskCm(){};
    MQTTTaskCm(const MQTTTaskCm &signal);
    const MQTTTaskCm &operator=(const MQTTTaskCm &signal);
private:
    static MQTTTaskCm *g_pTaskCm;
    MQTTTaskStat stat;
    string serverAddr;
    string pubMsg;
    MQTTClient client;
};
```

图 6-4　定义 MQTTTaskCm 类代码示例图

```
#define ADDRESS      "tcp://127.0.0.1:1883"
#define CLIENTID     "paho_cpp_async_publish"
#define TOPIC        "IOTGateway"
#define PAYLOAD      "Hello World!"
#define QOS          1
#define TIMEOUT      10000L
```

图 6-5　定义宏代码示例图

在 connectMQTT 类函数中(如图 6-6 所示),将设置好的 ip 地址和客户端 id 与 mqtt 服务器进行连接,连接情况发送给日志线程,显示在日志文件中,同时设置激活时间和清理会话功能。

```cpp
bool MQTTTaskCm::connectMQTT(void)
{
    MQTTClient_connectOptions conn_opts = MQTTClient_connectOptions_initializer;
    int rc;

    if ((rc = MQTTClient_create(&client, ADDRESS, CLIENTID,
        MQTTCLIENT_PERSISTENCE_NONE, NULL)) != MQTTCLIENT_SUCCESS)
    {
        //cout << "[MQTT] Failed to create client, return code "<<rc<<endl;
        putLogMsg(LOG_ERR, LOG_MQTT, "failed to create client");
        return false;
    }

    conn_opts.keepAliveInterval = 5000;
    conn_opts.cleansession = 1;
    if ((rc = MQTTClient_connect(client, &conn_opts)) != MQTTCLIENT_SUCCESS)
    {
        putLogMsg(LOG_ERR, LOG_MQTT, "connect server failed");
        return false;
    }
    putLogMsg(LOG_INFO, LOG_MQTT, "connect server success");
    return true;
}
```

图 6-6　connectMQTT 类函数代码示例图

在 pubMQTT 类函数中（如图 6-7 所示），将宏定义好的消息参数 payload、payloadlen、qos、retained 赋给 pubmsg 结构体进行储存，将 pubmsg 中消息内容以及参数设置信息发送给 mqtt 订阅端，最后进行等待 mqtt 订阅端的回应，以便确定发送完毕。

```cpp
bool MQTTTaskCm::pubMQTT(string &msg)
{
    int rc;
    MQTTClient_deliveryToken token;
    MQTTClient_message pubmsg = MQTTClient_message_initializer;
    pubmsg.payload = (void*)msg.c_str();
    pubmsg.payloadlen = (int)strlen(PAYLOAD);
    pubmsg.qos = QOS;
    pubmsg.retained = 0;
    if ((rc = MQTTClient_publishMessage(client, TOPIC, &pubmsg, &token)) != MQTTCLIENT_SUCCESS)
    {
        cout << "[MQTT]Failed to publish message, return code "<<rc<<endl;
        return false;
    }
    rc = MQTTClient_waitForCompletion(client, token, TIMEOUT);
    return true;
}
```

图 6-7　pubMQTT 类函数代码示例图

在 stateMachine 类函数中（如图 6-8 所示），对 mqtt 任务的状态进行设置，定义 mqtt 发布消息之前的准备工作状态宏 MQTT_TASK_WAIT_CONFIG，负责发送 mqtt 连接日志以及将 mqtt 发布端设置好的参数与服务端进行连接。定义 mqtt 发布工作状态宏，MQTT_TASK_WAIT_CONFIG，负责发送 mqtt 发布端的消息给订阅端。

```cpp
void MQTTTaskCm::stateMachine(void* msg)
{
    switch(stat)
    {
    case MQTT_TASK_WAIT_CONFIG:
        {
            MQTTConfig *cfg = (MQTTConfig *)msg;
            serverAddr = "tcp://" + cfg->IPAddress + ":" + cfg->PortNum;
            putLogMsg(LOG_INFO, LOG_MQTT, "connect server ", serverAddr.c_str());
            if(connectMQTT())
            {
                stat = MQTT_TASK_WORKING;
            }
            else
            {
                stat = MQTT_TASK_ERROR;
            }
            delete cfg;
        }
        break;
    case MQTT_TASK_WORKING:
        {
            MQTTMsg *cmd_msg = (MQTTMsg*) msg;
            if(cmd_msg->Cmd == MQTT_CMD_PUB)
            {
                string mqtt_msg;
                mqtt_msg = cmd_msg->Message;
                cout<<"MQTT Pub:"<<mqtt_msg<<endl;
                pubMQTT(mqtt_msg);
            }
            delete cmd_msg;
        }
```

图 6-8 pubMQTT 类函数代码示例图

MQTT 初始化和进入工作状态代码示例如图 6-9 所示。

```cpp
void mqtt_task_init(void)
{
    MQTTTaskCm::GetInstance()->initState();
    cout<<"mqtt_task_init"<<endl;
}
void mqtt_task_handeler(void* ptr)
{
    MQTTTaskCm::GetInstance()->stateMachine(ptr);
    /*
    ModbusMsg *msg = (ModbusMsg*) ptr;
    cout<<"ModbusTask> "<<msg->str<<endl;
    delete msg;
    */
}
```

图 6-9 pubMQTT 类函数代码示例图

6.2　ModbusTCP 协议配置

6.2.1　ModbusTCP 简介

Modbus 由 MODICON 公司于 1979 年开发,是一种工业现场总线协议标准。1996 年施耐德公司推出基于以太网 TCP/IP 的 Modbus 协议,即 Modbus TCP。

Modbus 通信的设备分为主站和从站。通信的过程为:主站设备主动向从站设备发送请求;从站设备处理主站的请求后,向主站返回结果;如果从站设备处理请求出现异常,则向主站设备返回异常功能码。

6.2.2　ModbusTCP 通信流程

ModbusTCP 协议的通信流程为:

ModbusTCP 服务端首先开始初始化 modbus 指针,设置从站 ID,与客户端建立连接,读取保持寄存器/输入寄存器/离散输入/线圈输入,写单个寄存器/多个寄存器/多位数据,最后关闭连接。

ModbusTCP 客户端初始化 modbus 指针;设置从站 ID;modbus_mapping_new 初始化寄存器,返回一个 modbus_mapping_t 指针;建立连接;调用 modbus_receive 函数判断网口的接收数据,负责接收处理及回复。

Modbus TCP 通信流程如图 6-10 所示。

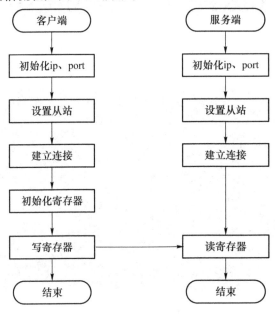

图 6-10　Modbus TCP 通信流程

6.2.3 ModbusTCP 数据包格式

ModbusTCP 报文结构由 MBAP＋PDU 组成,如图 6-11 所示。

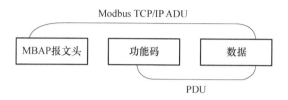

图 6-11 Modbus TCP 报文结构

MBAP 报文头的组成如表 6-9 所示。

表 6-9 MBAP 报文头的组成

域	长度	描述
事务标识符	2 个字节	Modbus 请求/响应事务处理的识别码,主要用于在主站设备在接收到响应时能识别出响应的来源
协议标识符	2 个字节	对于 Modbus 协议来说,这里恒为 0
长度	2 个字节	完整报文的字节数减去 6(长度＋协议标识符＋事务标识符)
单元标识符	1 个字节	串行链路或其他总线上连接的远程从站的识别码,也就是要访问的从站的标识号,因为只有一个字节,所以一个主站最多只能访问 256 个从站设备

PDU 报文体的组成为功能码(一个字节)和数据(n 个字节)。

其中功能码为一个字节,Modbus 定义的功能码如表 6-10 所示。

表 6-10 Modbus 功能码和作用

功能码	作用
01	读线圈(coils)状态,读取单个或多个
02	读离散输入(discreteinputs)状态,读取单个或多个
03	读保持寄存器(holdingregisters),读取单个或多个
04	读输入寄存器(inputregisters),读取单个或多个
05	写单个线圈(coils)状态,单个写入
06	写单个保持寄存器(holdingregisters),单个写入
15	写多个线圈(coils),多个写入
16	写多个保持寄存器(holdingregisters),多个写入

当响应报文的功能码最高位为 1 时(即(function&0x80)！＝0),表示为异常响应,这时数据为一个字节的异常码,具体的异常码如表 6-11 所示。

表 6-11   Modbus 异常码和作用

功能码	作用
01	功能码不能被从机识别
02	从机的单元标识符不正确
03	值不被从机接受
04	当从机试图执行请求的操作时,发生了不可恢复的错误
05	从机已接受请求并正在处理,但需要很长时间。返回此响应是为了防止在主机中发生超时错误。主站可以在下一个轮询程序中发出一个完整的消息,以确定处理是否完成
06	从站正在处理长时间命令,主站应该稍后重试
07	从站不能执行程序功能。主站应该向从站请求诊断或错误信息
08	从站在内存中检测到奇偶校验错误。主设备可以重试请求,但从设备上可能需要服务
10	专门用于 Modbus 网关。表示配置错误的网关
11	专用于 Modbus 网关的响应。当从站无法响应时发送

PDU 报文具体分为三部分,请求报文、正常响应报文、异常响应报文,下面以功能码 03 举例说明。

请求报文如表 6-12 所示。

表 6-12   功能码 03 请求报文

功能码	1 个字节	0x03
起始地址	2 个字节	0x0000 至 0xFFFF
寄存器数量 N *	2 个字节	1 至 125(0×7D)

正常响应报文如表 6-13 所示。

表 6-13   功能码 03 正常响应报文

功能码	1 个字节	0x03
字节数	1 个字节	2×N *
寄存器值	2×N * 个字节	

异常响应报文如表 6-14 所示。

表 6-14   功能码 03 异常响应报文

差错码	1 个字节	0×83
异常码	1 个字节	01 或 02 或 03 或 04

举一个请求读保持寄存器 108-110 的实例如表 6-15 所示。

表 6-15　读保持寄存器 108-110 实例

请求		响应	
域名	十六进制	域名	十六进制
功能	03	功能	03
高起始地址	00	字节数	06
低起始地址	6B	寄存器值 Hi(108)	02
高寄存器编号	00	寄存器值 Lo(108)	2B
低寄存器编号	03	寄存器值 Hi(109)	00
		寄存器值 Lo(109)	00
		寄存器值 Hi(110)	00
		寄存器值 Lo(110)	64

6.2.4　ModbusTCP API 介绍

这里主要介绍 ModbusTCP 连接和读取寄存器的主要函数。

1. modbus_new_tcp()

描述：modbus_t * modbus_new_tcp(const char * ip, int port)。

功能：modbus_new_tcp()函数应该分配和初始化一个 modbus_t 结构体来与 Modbus TCP IPv4 服务器通信。

参数：ip 指定客户端想要建立连接的服务器的 ip 地址。NULL 值可以用来监听服务器模式下的任何地址。port 参数是要使用的 TCP 端口。将端口设置为 MODBUS_TCP_DEFAULT_PORT，使用默认的 502 端口。使用大于或等于 1024 的端口号很方便，因为它不需要拥有管理员权限。

返回：如果成功，函数将返回一个指向 modbus_t 结构体的指针。否则，它将返回 NULL 并将 errno 设置为 EINVAL(An invalid IP address was given.)。

2. modbus_connect()

描述：int modbus_connect(modbus_t * ctx)。

功能：函数应该使用参数中给出的 libmodbus 上下文信息建立到 Modbus 服务器、网络或总线的连接。

参数：ctx：指向 modbus_t 结构体的指针。

返回：如果成功，函数将返回 0。否则，它将返回-1，并将 errno 设置为底层平台的系统调用定义的值之一。

3. modbus_set_slave()

描述：int modbus_set_slave(modbus_t * ctx, int slave)；

功能:modbus_set_slave()函数将在 libmodbus 上下文中设置从机号。

参数:这种行为取决于网络和设备的角色:RTU 定义远端设备在主模式下通话的从机 ID,或者在从模式下设置内部从机 ID。根据协议,Modbus 设备必须只接受持有其从机号或特殊广播号的消息。TCP 只有当消息必须到达串行网络上的设备时,从机号才需要在 TCP 中。但没有从机值,故障的远端设备或软件将丢弃请求。特殊值 MODBUS_TCP_SLAVE (0xFF)可以在 TCP 模式下使用,使用默认值。广播地址为"MODBUS_BROADCAST_ADDRESS"。当您希望网络中的所有 Modbus 设备都接收到请求时,必须使用这个特殊值。

返回值:如果成功,函数将返回 0。否则,它将返回-1 并将 errno 设置为 EINVAL(设置了错误的从机号)。

4. modbus_set_response_timeout()

描述:int modbus_set_response_timeout(modbus_t * ctx,uint32_t to_sec, uint32_t to_usec);

功能:函数应设置用于等待响应的超时间隔。设置字节超时时,如果响应的第一个字节的已用时间长于给定的超时,则等待响应的函数将引发错误。禁用字节超时时,必须在响应超时到期之前收到完整的确认响应。

参数:ctx:指向 modbus_t 结构体的指针;to_sec:设置字节超时是否开启;

to_usec:设置超时时间。

返回值:如果成功,该函数应返回 0。否则,它将返回-1 并设置 errno。

5. modbus_read_input_bits()

描述:int modbus_read_input_bits(modbus_t * ctx,int addr,int nb,uint8_t * dest);

功能:函数应将 nb 输入位的内容读取到远程设备的地址加法器。读取结果以设置为 TRUE 或 FALSE 的无符号字节(8 位)存储在 dest 数组中,注意分配足够的内存来存储 dest(至少 nb * sizeof(uint8_t))存储结果。该函数使用 Modbus 函数代码 0x02(读取输入状态)。

返回值:如果成功,该函数应返回读取输入状态的次数。否则,它将返回-1 并设置 errno。

6. modbus_read_input_registers()

描述:int modbus_read_input_registers(modbus_t * ctx,int addr,int nb,uint16_t * dest);

功能:函数应读取 nb 输入寄存器的内容,以对远程设备的地址加法器进行读取。读取结果以字值(16 位)的形式存储在 dest 数组中,注意分配足够的内存来存储 dest(至少 nb * sizeof(uint16_t))存储结果。该函数使用 Modbus 函数代码 0x04(读取输入寄存器)。持有寄存器和输入寄存器具有不同的历史含义,但现在更常见的是仅使用持有寄存器。

返回值：如果成功，该函数应返回读取输入寄存器的数量。否则，它将返回 -1 并设置
errno。

7. modbus_read_registers（）

描述：int modbus_read_registers(modbus_t * ctx,int addr,int nb,uint16_t * dest);

功能：函数应将 nb 保持寄存器的内容读取到远程设备的地址加法器。读取结果以
字值（16 位）的形式存储在 dest 数组中，注意分配足够的内存来存储 dest（至少 nb *
sizeof(uint16_t)）存储结果，该函数使用 Modbus 函数代码 0x03（读取保持寄存器）。

返回值：如果成功，该函数应返回读取寄存器的数量。否则，它将返回-1 并设置
errno。

6.2.5 ModbusTCP 协议实现

本文使用 C＋＋编程设计 Modbus TCP 的服务端，在工程文件中 src 文件夹中的
modbus_task.h 和 modbus_task.cpp 实现了 modbusTCP 服务端的设计。

在头文件 modbus_task.h 中我们定义枚举类型 MODBUS_TASK_STAT、
MODBUS_CONFIG_COMMAND、结构体 modbusMsg、modbus_configuration，代码如
图 6-12 所示。

```
typedef struct modbusMsg {
    uint32_t id;
    std::string str;
} ModbusMsg;

typedef enum MODBUS_TASK_STAT {
    MODBUS_TASK_WAIT_CONFIG = 0,
    MODBUS_TASK_INIT,
    MODBUS_TASK_WORKING,
    MODBUS_TASK_RESET,
    MODBUS_TASK_ERROR,
    MODBUS_TASK_NOTHING
} ModbusTaskStat;

typedef enum MODBUS_CONFIG_COMMAND {
    MODBUS_CFG_ADD_SERVER, MODBUS_CFG_ADD_TAG, MODBUS_CFG_UPDTAE_VALUE, MODBUS_CFG_DONE, MODBUS_CFG_RESET
} ModbusConfigCommand;

typedef struct modbus_configuration {
    uint32_t configType;
    uint32_t portNum;
    uint32_t regAddress;
    uint32_t length;
    uint32_t id;
    string ipAddress;
    string name;
    string type;
} ModbusConfiguration;
```

图 6-12　头文件定义代码示例图

在 modbus_task.h 头文件中设计了三个类分别是 ModbusTag 类、ModbusDevice 类、ModbusTaskCm 类。设置 modbusTag 类私有属性分别是 regAddress、dataLength、tagName、dataType，该类主要负责写入和读取寄存器地址、数据长度、数据类型、标签名字这四个属性信息。设置 ModbusDevice 类私有属性分别是 portNum、modbusID、ipAddress、deviceName、tagCount、tagList、mbHandel、isConnected，该类主要负责构建 modbus 设备的端口号、设备 ID、ip 地址、设备名字、标签数量、标签列表（容器）、创建一个 modbus_t 类型的 context、连接判断符信息。设置 ModbusTaskCm 类主要负责增加 modbus 服务端、增加 modbus 标签、连接初始化、读取所有标签信息等功能。

在 modbus_task.cpp 中做类函数的实现，实现类函数增加标签、连接服务端设备、读取标签信息、增加 modbus 服务端设备、增加 modbus 标签、打印设备信息、初始化所有设备的连接、读取所有标签的内容、设置工作状态的功能。

在类函数 connectServer 中（如图 6-13 所示），调用 modbus 库的 api 与客户端进行连接，将连接成功与失败的信息发送给日志中。

```cpp
bool ModbusDevice::connectServer(void)
{
    int res;
    mbHandel = modbus_new_tcp(ipAddress.c_str(), portNum);
    res = modbus_set_slave(mbHandel, modbusID);
    res = modbus_connect(mbHandel);
    char info_chars[256];
    sprintf(info_chars,"ip:%s port%d id:%d",ipAddress.c_str(), portNum, modbusID);
    if(-1 == res)
    {
        putLogMsg(LOG_ERR, LOG_MODBUS, "connect failed: ",info_chars);
        return false;
    }
    modbus_set_response_timeout(mbHandel, 1, 200*1000);
    putLogMsg(LOG_INFO, LOG_MODBUS, "connect success: ",info_chars);
    isConnected = true;
    return true;
}
```

图 6-13　类函数 connectServe 代码示例图

在类函数 stateMachine 中（如图 6-14 所示），设置两种状态，一种是等待初始化状态，另一种是工作状态。在等待初始化状态中，实现增加 modbus 服务端设备、添加 modbus 标签，初始化连接功能。在工作状态中，实现读取所有标签的功能。

在类函数 readTag 中读取 modbus 的输入位、输入寄存器、寄存器的信息，将该信息保存到 mqtt_str 字符串中（如图 6-15 所示），最后调用消息队列 API 发送给 mqtt 线程中（如图 6-16 所示）。

```cpp
void ModbusTaskCm::stateMachine(void *msg) {
    switch (stat) {
    case MODBUS_TASK_WAIT_CONFIG: {
        ModbusConfiguration *mCfg = (ModbusConfiguration*) msg;
        if (MODBUS_CFG_ADD_SERVER == mCfg->configType) {
            modbusAddServer(mCfg);
        }
        if (MODBUS_CFG_ADD_TAG == mCfg->configType) {
            modbusAddTag(mCfg);
        }
        if (MODBUS_CFG_DONE == mCfg->configType) {
            stat = MODBUS_TASK_WORKING;
            printDeviceInfo();
            initConnection();
        }
        delete mCfg;
    }
        break;
    case MODBUS_TASK_INIT:
        stat = MODBUS_TASK_WORKING;
        break;
    case MODBUS_TASK_WORKING:
    {
        ModbusConfiguration *mCfg = (ModbusConfiguration*) msg;
        readAllTags();
        delete mCfg;
    }
        break;
    case MODBUS_TASK_RESET:
        break;
    case MODBUS_TASK_ERROR:
        break;
    case MODBUS_TASK_NOTHING:
        break;
    default:
        break;
    }
}
```

图 6-14 类函数 stateMachine 代码示例图

```cpp
bool ModbusDevice::readTag(void)
{
    uint16_t table[128];
    table[0] = 0x00;
    table[1] = 0x00;
    if(isConnected == true)
    {
        uint32_t idx;
        for (idx = 0; idx <= tagCount; idx++) {
            string mqtt_str;
            ModbusTag *pTag = getTag(idx);
            if (NULL == pTag)
                break; //Should not happen ... hopefully
            mqtt_str = "{device:\"" + pTag->getTagName() + "\",data:[";
            if(pTag->getDataType() == "INPUT_BIT")
            {
                modbus_read_input_bits(mbHandel,pTag->getRegAddress(),pTag->getDataLength(),(unsigned char*)table);
                uint8_t *data_ptr = (uint8_t *)table;
                for(uint32_t data_idx = 0 ; data_idx < pTag->getDataLength() ; data_idx++)
                {
                    mqtt_str += to_string(*data_ptr);
                    if(data_idx != (pTag->getDataLength()-1)) mqtt_str += ",";
                    data_ptr++;
                }
            }
        }
    }
```

图 6-15 类函数 readTag 代码示例图

```
if(pTag->getDataType() == "INPUT_REGISTER")
{
    modbus_read_input_registers(mbHandel,pTag->getRegAddress(),pTag->getDataLength(),table);
    uint16_t *data_ptr = table;
    for(uint32_t data_idx = 0 ; data_idx < pTag->getDataLength() ; data_idx++)
    {
        mqtt_str += to_string(*data_ptr);
        if(data_idx != (pTag->getDataLength()-1)) mqtt_str += ",";
        data_ptr++;
    }
}
if(pTag->getDataType() == "REGISTER")
{
    modbus_read_registers(mbHandel,pTag->getRegAddress(),pTag->getDataLength(),table);
    uint16_t *data_ptr = table;
    for(uint32_t data_idx = 0 ; data_idx < pTag->getDataLength() ; data_idx++)
    {
        mqtt_str += to_string(*data_ptr);
        if(data_idx != (pTag->getDataLength()-1)) mqtt_str += ",";
        data_ptr++;
    }
}
mqtt_str += "]}";
MQTTMsg *msg = new MQTTMsg;
msg->Cmd = MQTT_CMD_PUB;
msg->Message = mqtt_str;
OsSendMessage(TskId_MQTT, (void*)msg, 0);
usleep(20*1000);
}
return true;
}
```

图 6-16　调用消息队列 API 代码示例图

6.3　OPC UA 协议配置

6.3.1　OPC UA 简介

OPC(Object Linking and Embedding(OLE)for Process Control)是微软公司的对象链接和嵌入技术在过程控制方面的应用,被称为控制系统"中间件技术",是专为在现场设备、自控应用、企业管理应用软件之间实现系统无缝集成而设计的接口规范。

OPC 标准于 1996 年首次发布,其目的是把 PLC 特定的协议(如 Modbus,Profibus 等)抽象成为标准化的接口,作为"中间人"的角色把通用的 OPC"读写"请求转换成具体的设备协议来与 HMI/SCADA 系统直接对接,反之亦然。就此出现了一个完整的产品行业,终端用户可以借助其来最优化产品,通过 OPC 协议来实现系统的无缝交互。

最初,OPC 标准仅限于 Windows 操作系统。因此,OPC 是 OLE for Process Control 的缩写(中文意思:用于过程控制的 OLE)。前面所介绍的 OPC 规范一般是指 OPC Classic,被广泛应用于各个行业,包括制造业,楼宇自动化,石油和天然气,可再生能源和公用事业等领域。

OPC 自发布以来已在工业控制系统的信息集成方面广泛应用。然而,由于其对微软 COM/DCOM 技术的依赖性,导致其在 OPC 的安全性、连通性以及跨平台性方面都存在较多缺陷。比如:难以在非微软系统、嵌入式系统中实现;难以通过 Internet/Intranet,尤其是企业防火墙;对于没有 OPC-COM 接口的上层应用,难以进行程调用等。

鉴于此,OPC 基金会发布了最新的数据通信统一方法—OPC 统一架构(OPC UA)。OPC UA 有效地将现有的 OPC 规范(DA、A&E、HDA、命令、复杂数据和对象类型)集成进来,并进行扩展。

在 OPC UA 中国官网,可以查询到该规范所集成的现有 OPC Classic 规范的所有功能,如表 6-16 所示。该系列标准分为 3 个部分:核心规范、访问类型规范和应用规范。核心规范规定了实现 OPC UA 的基础技术内容,包括标准中的 1~7 个部分。访问类型规范规定了如何通过 OPC UA 进行不同类型数据访问(DA、A&E、HAD 等),包括标准中的 8~11 个部分。其余部分是应用规范,规定了 OPC UA 在实际应用中如何解决一些具体技术问题(如表 6-16 所示)。

表 6-16　OPC Classic 规范

Part 1:概述和概念	该规范提供了对统一架构技术的高级介绍
Part 2:信息安全模型	该规范描述了 OPC UA 的安全性
Part 3:地址空间模型	该规范提供对 OPC UA 服务器内的地址空间的详细说明,供 OPC UA 客户端使用
Part 4:服务	该规范是所有 OPC UA 规范中最重要的。它描述了基于服务定义的客户端服务器模式
Part 5:信息模型	该规范详细说明了 OPC UA 地址空间、节点和引用如何用于定义信息模型
Part 6:映射	该规范描述了数据和信息如何在 OPC UA 服务器和客户端之间传输
Part 7:行规	该规范描述 OPC UA 服务器和客户端可以实现的功能类别
Part 8:数据访问	该规范描述了数据访问
Part 9:报警和条件	该规范描述了报警和条件
Part 10:程序	该规范描述了程序,以及它们如何在 OPC UA 规范中使用
Part 11:历史访问	该规范描述了如何从历史/实时数据库归档和检索数据
Part 12:发现和全球服务	该规范描述了如何在计算机、网络架构或企业范围内发现和管理 UA 产品
Part 13:聚合	该规范描述了聚合功能在 UA 应用程序中的使用
Part 14:PubSub	该规范定义了 OPC UA PubSub 通信模型。PubSub 通信模型定义了 OPC UA 发布订阅模式
Part 15:安全	"OPC UA 安全"规范描述了使用 OPC UA 交换数据的服务和协议 u
Part 16:状态机	该规范定义了一个描述状态机的 OPC UA 信息模型
Part 17:Alias Names	该规范提供了一种 Alias Names 功能的定义
Part 18:角色安全模式	该规范定义了管理基于角色安全性的 OPC UA 信息模型
Part 19:字典参考	该规范定义了 OPC 统一架构的信息模型。信息模型描述了从 OPC UA 信息模型到外部词典(例如 IEC 通用数据字典或 eCl@ss)的参考基础结构

OPC UA 提供一致、完整的地址空间和服务模型,解决过去同一系统的信息不能以统一方式被访问的问题。OPC UA 规范可以通过任何单一端口进行通信。这让穿越防火墙不再是 OPC 通信的路障,并且为提高传输性能,OPC UA 消息的编码格式可以是 XML 文本格式或二进制格式,也可使用多种传输协议(如 TCP)进行传输。OPC UA 访问规范明确提出标准安全模型,用于 OPC UA 应用程序之间传递消息的底层通信技术提供信息保护功能和标记技术,保证消息的完整性和安全性。

OPC UA 软件从过去只局限于 Windows 平台拓展到 Linux、Unix、Mac 等各种其他平台,此外支持基于 Internet 的 WebService 服务架构(SOA)和非常灵活的数据交换系统。OPC UA 新的技术特点将使其获得更广泛的应用。

6.3.2 OPC UA 通信流程

OPC UA 实质上是一种抽象的框架,是一个多层架构,其中的每一层完全是从其相邻层抽象而来。这些层定义了线路上的各种通信协议,以及能否安全地编码/解码包含有数据、数据类型定义等内容的讯息。利用这一核心服务和数据类型框架,人们可以在其基础上(继承)轻松添加更多功能。我们也可以将 OPC UA 理解成一个转换工具,其他协议/标准(如 BACnet)可以非常轻松地转换为 OPC UA 内的一个子集。如图 6-17,展示了 OPC UA 的系统框架。

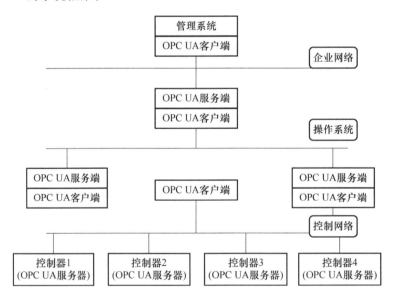

图 6-17 OPC UA 的系统框架

UA 服务器可以直接安装在设备上并和 UA 客户端进行数据通信。且 UA 客户端也可以直接内嵌在 UA 服务器中,使 UA 服务器之间可以进行通信。UA 服务器可以通过内嵌的 UA 客户端获取多个控制器(UA 服务器)的数据,形成一个聚合服务器,并向外提供服务。管理系统通过 UA 客户端提供的数据进行管理。

OPC UA 使用了对象(objects)(如图 6-18 所示)作为过程系统表示数据和活动的基础。对象拥有变量和方法,而且可以触发事件,它们通过引用(reference)来互相连接。

OPC UA 信息模型是节点的网络(Network of Node),或者称为结构化图(graph),由节点(node)和引用(References)组成,这种结构图称之为 OPC UA 的地址空间。这种图形结构可以描述各种各样的结构化信息(对象)。

图 6-18　对象模型

地址空间的特点如下:

(1)地址空间是用来给服务器提供标准方式,以向客户端表示对象。

(2)地址空间的实现途径是使用对象模型,通过变量和方法的对象,以及表达关系的对象。

(3)地址空间中模型的元素被称为节点,为节点分配节点类来代表对象模型的元素。(OPC UA 建模的基本在于节点和节点间的引用)。

对象及其组件在地址空间中表示为节点的集合,节点由属性描述并由引用相连。这些节点构成 OPC UA 数据交互的基本单元,进行客户端与服务器之间的交互通信。OPC UA 规范定义的节点类称为地址空间的元数据,地址空间中每个节点都是这些节点类的实例。节点类依据属性和引用来定义,作为其实例的节点同样如此。属性(Attribute)用于描述节点,不同的节点类别有不同的属性(属性集)。节点类的定义中包括属性的定义,因此属性不包括在地址空间中。引用(Reference)表示节点间的关系,类似于指向节点的指针,节点与节点之间可以相互引用,如图 6-19 所示。引用被定义为引用类型节点的实例,存在于地址空间中。

OPC UA 中预定义了八种节点,分别为:ObjectNode,ObjectTypeNode,VariableNode,VariableTypeNode,MethodNode,ReferenceTypeNode,DataTypeNode,ViewNode。每个节点都有七个通用属性,如表 6-17

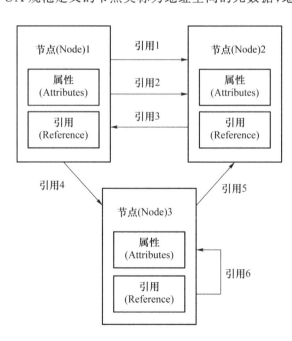

图 6-19　节点间的相互引用

所示。

表 6-17　通用属性及其说明

属性	数据类型	说明
NodeId	NodeId	OPC UA 服务器内唯一标识的一个节点,在服务器内定义该节点
NodeClass	NodeClass	定义 NodeClass 的枚举,如变量或对象
BrowseName	QualifiedName	浏览服务器时定义节点。(非本地化)
DisplayName	LocalizedText	在用户界面中能清楚的显示节点的名称。(本地化)
Description	LocalizedText	可选属性,包含这个节点的本地化描述
WriteMask	UInt32	可选属性,确定能被客户端修改的可写节点。
UserWriteMark	UInt32	可选属性,指定可被服务器上用户修改的节点属性。

6.3.3　OPC UA 数据包格式

OPC UA 的消息格式如图 6-20 所示,包含一个消息头和消息体

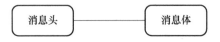

图 6-20　OPC UA 消息格式

消息头包含一个消息类型和消息长度,如表 6-18 所示,MessageSize 代表的整个消息头和消息体的总长度。

表 6-18　消息头格式

MessageType	Reserved	MessageSize
3 byte	1 byte	4 byte

其中 MessageType 类型如表 6-19 所示。

表 6-19　MessageType 类型

值		描述
HEL		HELLO 报文
ACK		Acknowledge 报文
ERR		Error 报文

其中 HEL、ACK、ERR 更详细的消息类型和描述如表 6-20 所示,简单介绍了 HEL 的消息细则。

表 6-20　HEL 类型值细则

字段名称	数据类型	描述
ProtocolVersion	Uint 32	客户端支持的最新的 OPC UA TCP 协议版本,服务器端可以接受比其支持的更新的版本
ReceiveBufferSize	Uint 32	协商发送端最大可接收的 MessageChunk 大小。该值必须大于 8192 字节
SendBufferSzie	Uint 32	协商发送端最大可发送的 MessageChunk 大小。该值必须大于 8192 字节
MaxMessageSize	Uint 32	应答报文的最大字节,指数据处理前的 Messagebody。值为 0 表示客户端不限制
MaxChunkCount	Uint 32	应答报文的最大 Chunk 个数。值为 0 表示客户端不限制
EndpointUrl	String	客户端想要连接的 Endpoint,该值必须小于 4096 字节

表 6-21 介绍了 ACK 的消息细则。

表 6-21　ACK 类型值细则

字段名称	数据类型	描述
ProtocolVersion	Uint 32	客户端支持的最新的 OPC UA TCP 协议版本,服务器端可以接受比其支持的更新的版本。
ReceiveBufferSize	Uint 32	协商发送端最大可接收的 MessageChunk 大小。该值不能比 HEL 报文中的 ReceiveBufferSize 大。该值必须大于 8192 字节
SendBufferSzie	Uint 32	协商发送端最大可发送的 MessageChunk 大小,该值不能比 HEL 报文中的 SendBufferSzie 大。该值必须大于 8192 字节
MaxMessageSize	Uint 32	应答报文的最大字节,指数据处理前的 Messagebody。值为 0 表示客户端不限制
MaxChunkCount	Uint 32	应答报文的最大 Chunk 个数。值为 0 表示客户端不限制

表 6-22 介绍了 ERR 消息的细则。

表 6-22　ERR 类型值细则

字段名称	数据类型	描述
Error	Uint 32	错误码
Reason	String	用字符串的形式显示错误原因

6.3.4　OPC UA API 介绍

1. UA_Server_addVariableNode(UA_Server * server,
　　　　　　　　const UA_NodeId requestedNewNodeId,
　　　　　　　　const UA_NodeId parentNodeId,

　　　　　　　　　　　　const UA_NodeId referenceTypeId,

　　　　　　　　　　　　const UA_QualifiedName browseName,

　　　　　　　　　　　　const UA_NodeId typeDefinition,

　　　　　　　　　　　　const UA_VariableAttributes attr,

　　　　　　　　　　　　void　nodeContext, UA_NodeId　outNewNodeId)

描述:主要用于添加变量。

参数:

server:OPC UA Server 的指针。

requestedNewNodeId:用户请求的变量节点 Id。

parentNodeId:父节点的 Id。

referenceTypeId:是指被添加变量和父节点之间的关系,这个关系是有对应的 Id。

browseName:变量的名字。

typeDefinition:变量的类型。

attr:变量的属性,包括数据的值,类型,accesslevel,对外显示的名称等。

nodeContext:根据需要,暂时为 NULL。

outNewNodeId:server 添加变量后返回的被添加变量的实际 Node Id。

2. UA_Client_readValueAttribute(client, nodeId, &value)函数读取变量值,把从服务器中通过 nodeId 获得的值赋值给 value。

3. static OpcUa::ClientPtr Create (const Cvb::String &Url)

描述:创建一个 OPCUA 客户端对象。并将其连接到给定的服务器。

4. SubscriptionPtr Subscribe()

描述:为 OPCUA 客户端创建 OPCUA 订阅。可以将节点添加为受监视的项目(并在可变数据更改时接收更新)。

6.3.5　OPC UA 协议实现

我们使用 open62541 库来实现,首先使用命令下载源码:

```
git clone -b v1.1.6  https://github.com/open62541/open62541.git
```

切换到源目录下,然后创建 build 目录,切换到 build 目录下后,输入以下命令来调用 cmake:

```
cmake .. -DUA_ENABLE_AMALGAMATION = ON
```

这个命令行中的 UA_ENABLE_AMALGAMATION 选项,是 open62541 的 CMakeLists.txt 提供的选项,专门用于生成 single distribution 版本的 open62541,即 open62541.c 和 open62541.h 文件,方便用于集成到其他程序里。接着使用 make 指令后会出现两个文件 open62541.c 和 open62541.h,在 bin 目录下生成的是 open62541 的静态库,可以用于和别的程序进行链接,接着我们可以运行 demo,我们在别的地方建立一个目录 runDemoOpen62541，然后把 libopen62541.a 和 open62541.h 拷贝进来，在这个目录下创建 bin 和 build 目录，创建 server.c，client.c 和 CMakeLists.txt，整体结构如图 6-21 所示。

图 6-21　整体结构图

server.c（图 6-22），client.c（图 6-23）和 CMakeLists.txt（图 6-24）代码示例的内容分别如下。

```c
#include "open62541.h"

#include <signal.h>
#include <stdlib.h>

UA_Boolean running = true;

static void stopHandler(int sign) {
    UA_LOG_INFO(UA_Log_Stdout, UA_LOGCATEGORY_SERVER, "received ctrl-c");
    running = false;
}

int main(void)
{
    signal(SIGINT, stopHandler);
    signal(SIGTERM, stopHandler);

    UA_Server *server = UA_Server_new();
    UA_ServerConfig_setDefault(UA_Server_getConfig(server));
    UA_StatusCode retval = UA_Server_run(server, &running);

    UA_Server_delete(server);

    return retval == UA_STATUSCODE_GOOD ? EXIT_SUCCESS : EXIT_FAILURE;
}
```

图 6-22　server.c 代码示例图

```
/* client.c 功能是实现(server 部署在同一机器) */

#include <stdlib.h>
#include "open62541.h"

int main(void)
{
    UA_Client *client = UA_Client_new();
    UA_ClientConfig_setDefault(UA_Client_getConfig(client));
    UA_StatusCode retval = UA_Client_connect(client, "opc.tcp://localhost:4840");
    if(retval != UA_STATUSCODE_GOOD) {
        UA_Client_delete(client);
        return (int)retval;
    }

    /* Read the value attribute of the node. UA_Client_readValueAttribute is a
     * wrapper for the raw read service available as UA_Client_Service_read. */
    UA_Variant value; /* Variants can hold scalar values and arrays of any type */
    UA_Variant_init(&value);

    /* NodeId of the variable holding the current time */
    const UA_NodeId nodeId = UA_NODEID_NUMERIC(0, UA_NS0ID_SERVER_SERVERSTATUS_CURRENTTIME);
    retval = UA_Client_readValueAttribute(client, nodeId, &value);

    if(retval == UA_STATUSCODE_GOOD && UA_Variant_hasScalarType(&value, &UA_TYPES[UA_TYPES_DATETIME]))
    {
        UA_DateTime raw_date = *(UA_DateTime *) value.data;
        UA_DateTimeStruct dts = UA_DateTime_toStruct(raw_date);
        UA_LOG_INFO(UA_Log_Stdout, UA_LOGCATEGORY_USERLAND, "date is: %u-%u-%u %u:%u:%u.%03u\n",
            dts.day, dts.month, dts.year, dts.hour, dts.min, dts.sec, dts.milliSec);
    }

    /* clean up */
    UA_Variant_clear(&value);
    UA_Client_delete(client); /* Disconnects the client internally */

    return EXIT_SUCCESS;
}
```

图 6-23 client.c 代码示例图

```
cmake_minimum_required(VERSION 3.5)

project(demoOpen62541)

set (EXECUTABLE_OUTPUT_PATH  ${PROJECT_SOURCE_DIR}/bin)

add_definitions(-std=c99)

include_directories(${PROJECT_SOURCE_DIR}/open62541)

find_library(OPEN62541_LIB libopen62541.a HINTS ${PROJECT_SOURCE_DIR}/open62541/bin)

add_executable(server ${PROJECT_SOURCE_DIR}/src/server.c)
target_link_libraries(server ${OPEN62541_LIB})

add_executable(client ${PROJECT_SOURCE_DIR}/src/client.c)
target_link_libraries(client ${OPEN62541_LIB})
```

图 6-24 CMakeLists.txt 代码示例图

我们切换到 build 目录下,运行 cmake .. && make,就会在 bin 目录下生成 server 和 client 这两个文件。

本示例代码所实现的功能是 client 端从 server 端获取时间,下面就先运行 server,在命令行输入:

```
./server
```

结果如图 6-25 所示。

图 6-25　运行结果示例图

运行 client,运行如下指令:

```
./client
```

可以看到打印出来的 server 时间,如图 6-26 所示。

图 6-26　运行结果示例图

这样示例的 server 和 client 之间就通信成功了。

6.4　IEC61850 协议配置

6.4.1　IEC61850 简介

IEC61850 是新一代变电站自动化系统的国际标准,是基于网络通信平台的变电站自动化系统唯一的国际标准。IEC61850 规范了数据的命名、数据定义、设备行为、设备的自描述特征和通用配置语言。IEC61850 标准通过对变电站自动化系统中的对象统一建模,采用面向对象技术和独立于网络结构的抽象通信服务接口,增强了设备之间的互操作性,可以在不同厂家的设备之间实现无缝连接。

我们先简单了解 IEC61850 的协议体系,如图 6-27 所示。

该通信协议体系可以支持多种需求通信服务,SV 为采样值,GOOSE 为通用面向对象变电站事件,但其核心是应用层的 MMS 协议,MMS 是监控系统之间进行信息交换的国际标准,由国际电工委员会工业自动化技术委员会 TC 184 工作小组和国际标准化组织(ISO)共同制定和发展,它适合于为不同的设备、应用、产品商及领域内提供通用的信息服务。MMS 由服务规范和协议规范以及多个配套的标准组成,其中服务规范定义了服务原语和基本模型及参数,协议规范定义了 MMS 的通讯规则,比如数据的格式、数据的顺序以及控制服务元素的接口等。

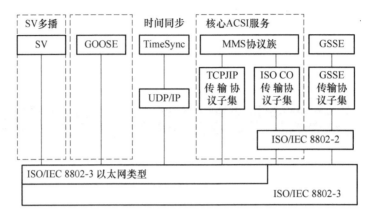

图 6-27　IEC61850 协议体系

　　libiec61850 是 IEC 61850 客户端和服务器库的开源（GPLv3）实现，实现了 MMS、GOOSE 和 SV 协议。它在 C 中实现（根据 C99 标准）可移植到大量平台。它可用于在嵌入式系统和运行 Linux、Windows 和 MacOS 的 PC 上实现符合 IEC 61850 标准的客户端和服务器应用程序。其中包括一组简单的示例应用程序，可用作实现自己的 IEC 61850 兼容设备或与 IEC 61850 设备通信的起点。该库已成功用于许多商业软件产品和设备中。这些设备中的各种设备已成功通过标准合规性认证。

6.4.2　IEC61850 通信流程

1. 客户端与服务端的通信初始化

　　在客户端与服务器模式下，客户端要获取服务端的数据模型，实际上有两种方式可以选择：

　　第一种方式是客户端直接读取并解析服务器的配置文件，来获取服务器的数据模型。

　　第二种方式是客户端在初始化时，通过一系列 ACSI 通信服务来动态读取服务器的各层模型信息。

　　图 6-28 是客户端与服务端之间通信流程的初始化，除了建立关联、释放关联服务外，其他主要是读服务器目录、读逻辑设备目录、读逻辑节点目录和读数据集目录等获取服务器模型的通信服务。

2. 通信流程的测试

　　MMS 服务的种类比较多，在此仅介绍并分析现场常用的通信服务报文，比如报告服务、运方控制等。

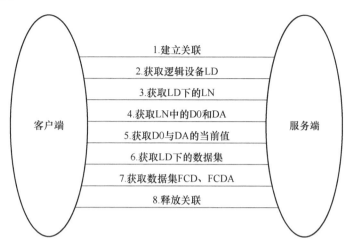

图 6-28　客户端与服务端的通信流程

1）初始化

首先，需要进行将 client 端与 IED 建立连接，连接报文如图 6-29 所示。

报文时间显示格式可在 view-> Time display format 中设置为绝对时间和相对时间（从运行报文软件开始经过的时间）。

Source 为源端既报文发起方的 IP 地址，Destination 为终端既报文接收方的 IP 地址，设置源 ip 和目的 ip 都为 127.0.0.1，进行自测，首先源 ip 发出请求信号，长度为 253 字节。

No.	Time	Source	Destination	Protocol	Length	Info
3	0.000058098	127.0.0.1	127.0.0.1	TCP	66	47302 → 102 [ACK] Seq=1 Ac
4	0.000332387	127.0.0.1	127.0.0.1	COTP	88	CR TPDU src-ref: 0x0001 ds
5	0.000349486	127.0.0.1	127.0.0.1	TCP	66	102 → 47302 [ACK] Seq=1 Ac
6	0.000464781	127.0.0.1	127.0.0.1	COTP	88	CC TPDU src-ref: 0x0001 ds
7	0.000482181	127.0.0.1	127.0.0.1	TCP	66	47302 → 102 [ACK] Seq=23 A
8	0.000603775	127.0.0.1	127.0.0.1	MMS	253	initiate-RequestPDU
9	0.000619075	127.0.0.1	127.0.0.1	TCP	66	102 → 47302 [ACK] Seq=23 A
10	0.000757469	127.0.0.1	127.0.0.1	MMS	209	initiate-ResponsePDU
11	0.000799567	127.0.0.1	127.0.0.1	TCP	66	47302 → 102 [ACK] Seq=210
12	0.001009959	127.0.0.1	127.0.0.1	MMS	102	confirmed-RequestPDU

```
▼ MMS
  ▼ initiate-RequestPDU
      localDetailCalling: 65000
      proposedMaxServOutstandingCalling: 5
      proposedMaxServOutstandingCalled: 5
      proposedDataStructureNestingLevel: 10
    ▼ mmsInitRequestDetail
        proposedVersionNumber: 1
        Padding: 5
      ▶ proposedParameterCBB: f100 (str1, str2, vnam, valt, vlis)
        Padding: 3
```

图 6-29　mms 初始化请求报文

目的 ip 收到信号，并回复答复内容，长度为 209 字节，如图 6-30 所示。

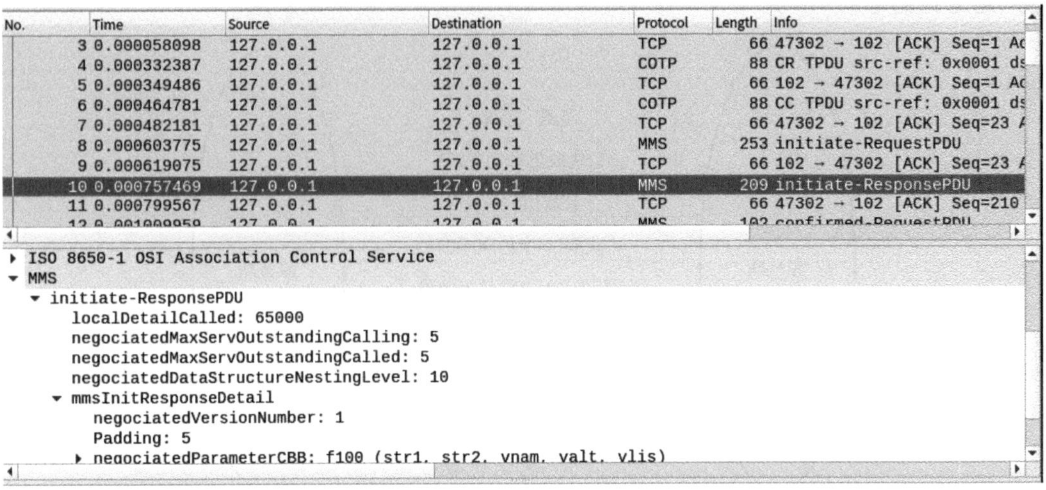

No.	Time	Source	Destination	Protocol	Length	Info
3	0.000058098	127.0.0.1	127.0.0.1	TCP	66	47302 → 102 [ACK] Seq=1 Ac
4	0.000332387	127.0.0.1	127.0.0.1	COTP	88	CR TPDU src-ref: 0x0001 ds
5	0.000349486	127.0.0.1	127.0.0.1	TCP	66	102 → 47302 [ACK] Seq=1 Ac
6	0.000464781	127.0.0.1	127.0.0.1	COTP	88	CC TPDU src-ref: 0x0001 ds
7	0.000482181	127.0.0.1	127.0.0.1	TCP	66	47302 → 102 [ACK] Seq=23 A
8	0.000603775	127.0.0.1	127.0.0.1	MMS	253	initiate-RequestPDU
9	0.000619075	127.0.0.1	127.0.0.1	TCP	66	102 → 47302 [ACK] Seq=23 A
10	0.000757469	127.0.0.1	127.0.0.1	MMS	209	initiate-ResponsePDU
11	0.000799567	127.0.0.1	127.0.0.1	TCP	66	47302 → 102 [ACK] Seq=210
12	0.001000959	127.0.0.1	127.0.0.1	MMS	102	confirmed-RequestPDU

```
▶ ISO 8650-1 OSI Association Control Service
▼ MMS
   ▼ initiate-ResponsePDU
        localDetailCalled: 65000
        negociatedMaxServOutstandingCalling: 5
        negociatedMaxServOutstandingCalled: 5
        negociatedDataStructureNestingLevel: 10
      ▼ mmsInitResponseDetail
           negociatedVersionNumber: 1
           Padding: 5
         ▶ negociatedParameterCBB: f100 (str1, str2, vnam, valt, vlis)
```

图 6-30 mms 初始化答复报文

2）读取数据集

开始读数据集 SampleIEDDevice1，如图 6-31 所示。

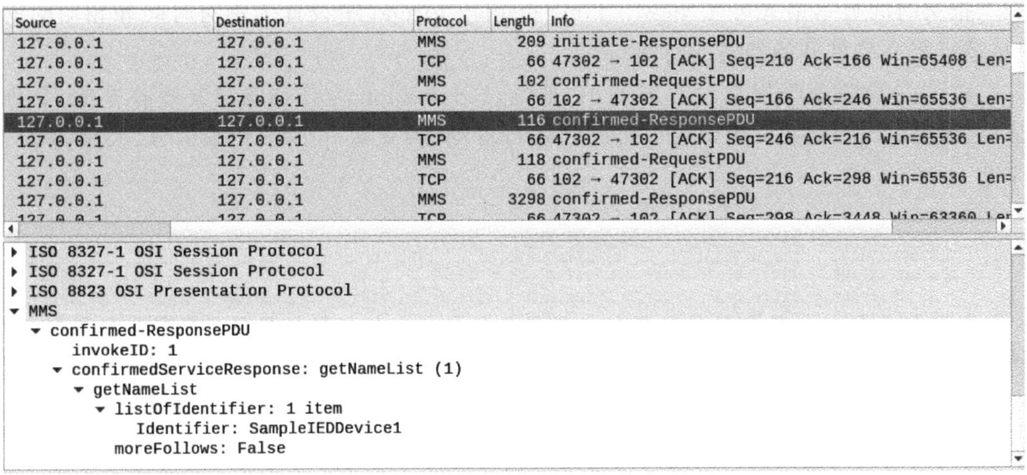

Source	Destination	Protocol	Length	Info
127.0.0.1	127.0.0.1	MMS	209	initiate-ResponsePDU
127.0.0.1	127.0.0.1	TCP	66	47302 → 102 [ACK] Seq=210 Ack=166 Win=65408 Len=
127.0.0.1	127.0.0.1	MMS	102	confirmed-RequestPDU
127.0.0.1	127.0.0.1	TCP	66	102 → 47302 [ACK] Seq=166 Ack=246 Win=65536 Len=
127.0.0.1	127.0.0.1	MMS	116	confirmed-ResponsePDU
127.0.0.1	127.0.0.1	TCP	66	47302 → 102 [ACK] Seq=246 Ack=216 Win=65536 Len=
127.0.0.1	127.0.0.1	MMS	118	confirmed-RequestPDU
127.0.0.1	127.0.0.1	TCP	66	102 → 47302 [ACK] Seq=216 Ack=298 Win=65536 Len=
127.0.0.1	127.0.0.1	MMS	3298	confirmed-ResponsePDU
127.0.0.1	127.0.0.1	TCP	66	47302 → 102 [ACK] Seq=298 Ack=3448 Win=63360 Len

```
▶ ISO 8327-1 OSI Session Protocol
▶ ISO 8327-1 OSI Session Protocol
▶ ISO 8823 OSI Presentation Protocol
▼ MMS
   ▼ confirmed-ResponsePDU
        invokeID: 1
      ▼ confirmedServiceResponse: getNameList (1)
         ▼ getNameList
            ▼ listOfIdentifier: 1 item
                 Identifier: SampleIEDDevice1
              moreFollows: False
```

图 6-31 mms 读 LD

开始读数据集里面的内容，如图 6-32 所示。

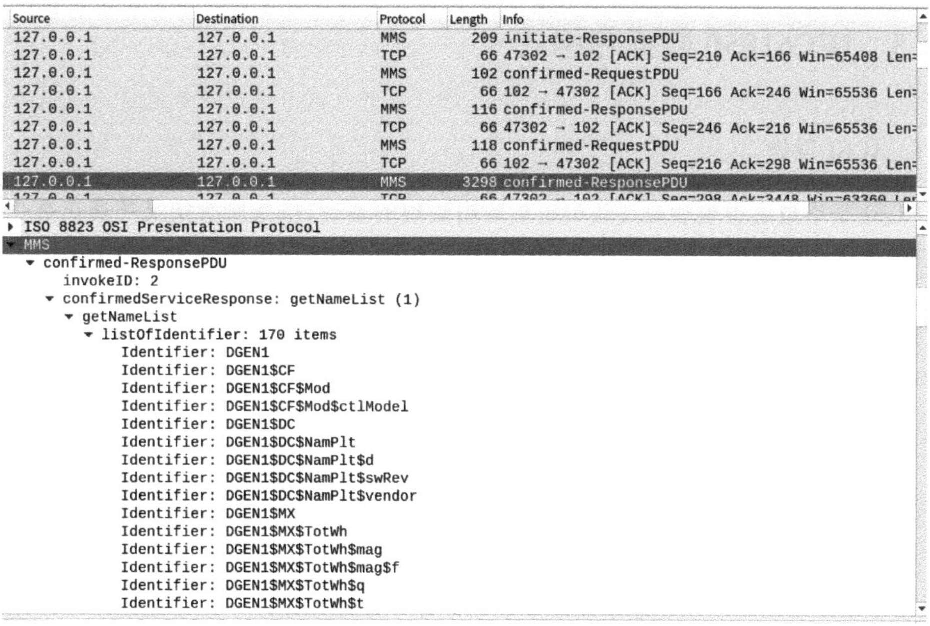

Source	Destination	Protocol	Length	Info
127.0.0.1	127.0.0.1	MMS	209	initiate-ResponsePDU
127.0.0.1	127.0.0.1	TCP	66	47302 → 102 [ACK] Seq=210 Ack=166 Win=65408 Len=
127.0.0.1	127.0.0.1	MMS	102	confirmed-RequestPDU
127.0.0.1	127.0.0.1	TCP	66	102 → 47302 [ACK] Seq=166 Ack=246 Win=65536 Len=
127.0.0.1	127.0.0.1	MMS	116	confirmed-ResponsePDU
127.0.0.1	127.0.0.1	TCP	66	47302 → 102 [ACK] Seq=246 Ack=216 Win=65536 Len=
127.0.0.1	127.0.0.1	MMS	118	confirmed-RequestPDU
127.0.0.1	127.0.0.1	TCP	66	102 → 47302 [ACK] Seq=216 Ack=298 Win=65536 Len=
127.0.0.1	127.0.0.1	MMS	3298	confirmed-ResponsePDU
127.0.0.1	127.0.0.1	TCP	66	47302 → 102 [ACK] Seq=298 Ack=3448 Win=63360 Len=

```
▶ ISO 8823 OSI Presentation Protocol
▼ MMS
  ▼ confirmed-ResponsePDU
      invokeID: 2
    ▼ confirmedServiceResponse: getNameList (1)
      ▼ getNameList
        ▼ listOfIdentifier: 170 items
            Identifier: DGEN1
            Identifier: DGEN1$CF
            Identifier: DGEN1$CF$Mod
            Identifier: DGEN1$CF$Mod$ctlModel
            Identifier: DGEN1$DC
            Identifier: DGEN1$DC$NamPlt
            Identifier: DGEN1$DC$NamPlt$d
            Identifier: DGEN1$DC$NamPlt$swRev
            Identifier: DGEN1$DC$NamPlt$vendor
            Identifier: DGEN1$MX
            Identifier: DGEN1$MX$TotWh
            Identifier: DGEN1$MX$TotWh$mag
            Identifier: DGEN1$MX$TotWh$mag$f
            Identifier: DGEN1$MX$TotWh$q
            Identifier: DGEN1$MX$TotWh$t
```

图 6-32 读数据集

3）读取数据类型

读取设备 id：SampleIEDDevice1；主题 id：LLNO＄dataset1，如图 6-33 所示。

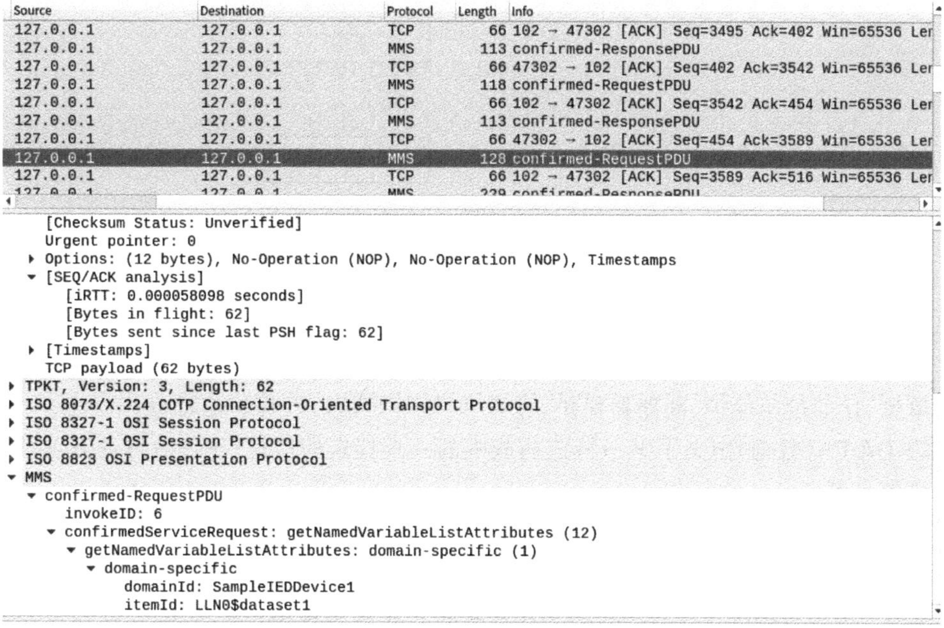

Source	Destination	Protocol	Length	Info
127.0.0.1	127.0.0.1	TCP	66	102 → 47302 [ACK] Seq=3495 Ack=402 Win=65536 Len
127.0.0.1	127.0.0.1	MMS	113	confirmed-ResponsePDU
127.0.0.1	127.0.0.1	TCP	66	47302 → 102 [ACK] Seq=402 Ack=3542 Win=65536 Len
127.0.0.1	127.0.0.1	MMS	118	confirmed-RequestPDU
127.0.0.1	127.0.0.1	TCP	66	102 → 47302 [ACK] Seq=3542 Ack=454 Win=65536 Len
127.0.0.1	127.0.0.1	MMS	113	confirmed-ResponsePDU
127.0.0.1	127.0.0.1	TCP	66	47302 → 102 [ACK] Seq=454 Ack=3589 Win=65536 Len
127.0.0.1	127.0.0.1	MMS	128	confirmed-RequestPDU
127.0.0.1	127.0.0.1	TCP	66	102 → 47302 [ACK] Seq=3589 Ack=516 Win=65536 Len
127.0.0.1	127.0.0.1	MMS	229	confirmed-ResponsePDU

```
    [Checksum Status: Unverified]
    Urgent pointer: 0
  ▶ Options: (12 bytes), No-Operation (NOP), No-Operation (NOP), Timestamps
  ▼ [SEQ/ACK analysis]
      [iRTT: 0.000058098 seconds]
      [Bytes in flight: 62]
      [Bytes sent since last PSH flag: 62]
  ▶ [Timestamps]
    TCP payload (62 bytes)
▶ TPKT, Version: 3, Length: 62
▶ ISO 8073/X.224 COTP Connection-Oriented Transport Protocol
▶ ISO 8327-1 OSI Session Protocol
▶ ISO 8327-1 OSI Session Protocol
▶ ISO 8823 OSI Presentation Protocol
▼ MMS
  ▼ confirmed-RequestPDU
      invokeID: 6
    ▼ confirmedServiceRequest: getNamedVariableListAttributes (12)
      ▼ getNamedVariableListAttributes: domain-specific (1)
        ▼ domain-specific
            domainId: SampleIEDDevice1
            itemId: LLN0$dataset1
```

图 6-33 读数据类型

6.4.3 IEC61850 数据包格式

1. ACSI 设计

ACSI 基本概念类模型是 IEC61850 数据建模的基础,也是所有定义的通讯数据的核心结构,根据 IEC61850 标准协议,我们在程序设计中将数据模型分为 5 层:

SERVER(服务器)、LOGICAL-DEVICE(LD 逻辑设备)、LOGICAL-NODE(LN 逻辑节点)、DATA(数据)、DataAttribute(数据属性)。其中一个 SERVER 可以有多个DEVICE,一个 DEVICE 下有多个 NODE,依此类推,实际就是个树形结构,它们之间的关系设计如图 6-34 所示。

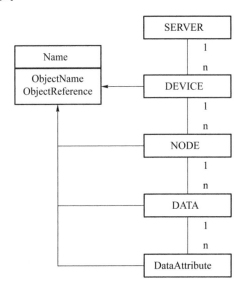

图 6-34　ACSI 基本概念类模型

1) LOGICAL-DEVICE(逻辑设备)定义了一组带有某种特定功能使用和产生的信息。

2) LOGICAL-NODE(逻辑节点)定义了某一组特定功能中的某一个功能,是功能最小的单位,比如过压保护、断路器保护,过流、时限等定值以及保护启动动作状态。

3) DATA(数据)定义了某一特定功能中的一个特定的信息,比如时标的开关位置或者品质信息等。

4) DataAttribute(数据属性)定义一个特定信息中的某一项属性。

我们在实现 ACSI 概念类模型时,将每一层都定义为一个类,其中数据(DATA)层和数据属性(DataAttribute)层都是递归结构。每个数据属性、数据、逻辑节点和逻辑设备都实例为一个特定的对象,每一个对象都有自己的对象名称和地址,每一个地址是由上一级地址和自己的名称连在一起,作为数据传输访问的路径。同时模型中的信息分为多种类型,由功能约束 FC 进行过滤,其中比较常用的标识有:MX(测量值)、ST(开关量)、DC(描述)、SV(取代)。

我们应用数据模型去完成某一项功能只有数据模型是不够的,我们研究定义数据模型对应的函数接口,同时用接口的实现来完成对数据的操作,IEC61850 是一个完整的协议体系,对函数接口也有定义,在网关设计的 IEC61850 服务端程序中,我们需要用到的类模型和接口如表 6-23 所示。

表 6-23　模型接口

模型	接口名称	接口作用
Server Model (服务模型)	GetServerDirectory	该接口是读服务器的目录
Logical Device Model (逻辑设备模型)	Get LogicalDeviceDirectory	该接口是读逻辑设备的目录
Logical Node Model (逻辑节点模型)	GetLogicalNodeDirectory	该接口是读逻辑节点目录
	GetAllDataValues	该接口是读所有的数据值
Data Model (数据模型)	GetDataValue	该接口是得到数据的值
	SetDataValue	该接口是设置数据的值
	GetDataDirectory	该接口是读数据的目录
	GetDataDefinition	该接口是读数据的定义
Data Set Model (数据集模型)	GetDataSetValues	该接口是得到数据集的值
	SetDataSetValues	该接口是设置数据集的值
	CreateDataSet	该接口是建立一个数据集
	DeleteDataSet	该接口是删除一个数据集
	GetDataSetDirectory	该接口是读数据集的目录

表 6-23 设计的模型主要分为 5 层,其中最上层是服务模型,然后依次是逻辑设备模型,逻辑节点模型,数据模型和数据集模型,每一层数据模型都分别定义了相应的接口。这些接口都是标准接口,我们必须严格按照 IEC61850 协议文本描述进行设计,表 6-24 以 Logical device model 举例说明类。

表 6-24　逻辑设备模型

Logical Device Model	
属性名	属性类型
LDName	ObjectName
LDRef	Object Reference
LogicalNode[3—N]	LOGICAL-NODE
服务接口	GetLogicalDeviceDirectory

由表 6-24 可知,我们设计的 IEC61850 服务端是严格按照协议标准在设计。

服务端 Server 描述了一个智能设备外部可访问的行为,我们在进行服务建模时,每一个 server 都至少有一个访问点(AccessPoint)。对于支持过程层自动化的间隔层智能设备,向下与过程层智能设备通信,向上与变电站层设备通信,可采用不同访问点与变电站和过程层进行通信。所有访问点,都在同一个 ICD 文件描述中体现的。

逻辑设备(LD)建模设计,我们把一些具有公用特性的逻辑节点组合成一个逻辑设备(LD)。LD 不应该划分过多,保护功能一般使用一个 LD 表示。SGCB 控制的数据对象不应该跨 LD,同样,数据集包含的数据对象也不应跨 LD 表示。逻辑设备的划分最好依据功能进行区分,主要有以下几种类型:

1)控制 LD,inst　名称为"CTRL";

2)公用 LD,inst　名称为"LD0";

3)保护 LD,inst　名称为"PROT";

4)测量 LD,inst　名称为"MEAS";

5)智能终端 LD,inst　名称为"RPIT";

6)合并单元 LD,inst　名称为"MU"。

我们将通信的每个最小功能单元建模为一个 LN 逻辑节点对象,属于同一功能对象的数据和数据属性应放在同一个 LN 对象下。

表 6-25　逻辑节点 LLN0

属性名	属性类型	全称	M/O	解释
公用逻辑节点信息(LLN0)				
Mod	INC	Mode	M	模式
Health	INS	Health	M	健康状态
Loc	SPS	Local operation for complete logical device	O	就地位置
Beh	INS	Behaviour	M	行为
OpTmh	INS	Operation time	O	运行时间
NamPlt	LPL	Name	M	逻辑节点铭牌
控制				
Diag	SPC	Run Diagnostics	O	装置自检
Main Ena	SPC		E	主保护软压板
LEDRs	SPC	LED reset	O	复归 LED
Zer OCEna	SPC		E	零序过流软压板
Dis Ena	SPC		E	距离保护软压板
ChaOCEna	SPC		E	充电保护软压板
RemTrEna	SPC		E	远跳软压板
ParlineAccEna	SPC		E	双回线加速软压板
Ph OCEna	SPC		E	相电流保护软压板

表 6-25 是逻辑节点 LLN0,该节点为基本逻辑节点,我们在设计逻辑设备 LD 数据模型时,必须包含该逻辑节点,并且有且只有一个逻辑节点 LLN0,节点中定义的属性包括运行时间、就地位置以及控制属性装置自检、零序过流软压板、距离保护软压板等,可选部分的属性需要根据实际的应用进行选择。

2. MMS 服务设计

在 IEC61850 协议中,我们用到的主要有以下接口,表 6-26 是 MMS 服务接口的定义。

表 6-26　MMS 服务接口

接口名称	接口意义
GetNameList	得到逻辑节点名称列表
GetVariableAccessAttributes	得到变量数据属性
GetNamedVariableListAttributes	得到变量数据属性列表
Read	读取数据
Write	写入数据

3. MMS 与 ACSI 的服务接口映射

IEC61850 与 MMS 都是面向对象的设计思想,他们的结构基本相同,有很多类似的地方,IEC61850 定义了数据属性、数据、逻辑节点、逻辑设备、服务器的结构化分层的模型,而 MMS 定义了命名变量、域、虚拟制造设备等结构模型,MMS 有命名变量列表模型,IEC61850 则有提高通讯效率的数据集模型,而且两者都有日志模型,这样实现 IEC61850 与 MMS 之间的模型方案基本可行。但是,在 MMS 的结构模型中表示对象只有 3 层的逻辑关系。而在 IEC 61850 的结构模型中,对象的隶属层次很多,至少有五层的关系,而且数据层和数据属性层是一个递归的结构。对于隶属层次的差别,IEC61850 模型与 MMS 模型之间无法直接建立层与层之间的映射关系。为了解决这个问题,通信协议标准规定通过在变量或者变量列表的名称来分出层次关系,在逻辑设备与逻辑节点之间加"/"符号分隔,变量名称之间加入"$"符号来分隔,服务端和客户端都达成统一的共识,这样就可以通过定义对象的名称区分数据模型中对象之间的层次关系。

IEC61850 定义了的 ACSI 基本数类模型是和 MMS 的对象模型对应的,如表 6-27 所示。

表 6-27　对象模型映射

MMS	IEC61850
虚拟制造设备(VMD)	服务器(Server)
域(DOmain)	逻辑设备(LD)
命名变量(Named Variable)	逻辑节点(LN)
命名变量(Named Variable)	数据(Data)
命名变量(Named Variable)	数据属性(DataAttribute)
命名变量列表(Named Variable List)	数据集(DataSet)

由表 6-27 可知,该映射并不是都是一对一映射的,61850 的逻辑节点、数据、数据属性等多个对象都映射到了 MMS 的命名变量(Named Variable)对象中。

ACSI 服务接口与 MMS 服务接口之间的映射如表 6-28 所示,服务接口的映射也不是一对一映射的,其中很多服务接口都映射到 MMS 的读、写接口中,这些服务的接口在实际的应用中需要通过参数来区别。服务端与客户端的映射是相反的。

表 6-28 服务接口映射

模型	ACSI 服务	MMS 服务
Server	GetServerDirectory	GetNameList
Logical Device	GetLogicalDeviceDirectory	GetNameList
Logical Node	GetLogicalNodeDirectory	GetNameList
	GetAllDataValues	Read
Data	GetDataValue	Read
	SetDataValue	Write
	GetDataDirectory	GetVariableAccessAttribute
	GetDataDefinition	GetVariableAccessAttribute
Data Set	GetDataSetValues	Read
	SetDataSetValues	Write
	CreateDataSet	DefinedNamedVaributes
	DeleteDataSet	DeleteNamedVaributes
	GetDataSetDirectory	GetNamesVariableListAttribute

4. SCL 文件介绍

SCL 文件为变电站配置描述语言,是 IEC61850-6 标准规定的一种描述智能变电站内各 IED 之间通信配置的 XML 扩展语言,一般有四种 SCL 文件:描述变电站规范的 SSD 文件、描述 IED 能力的 ICD 文件、描述全站完整配置的 SCD 文件和描述单个 IED 配置的 CID 文件。

SCL 文件的各个节点以树形层次的结构展示出来,完整的文件由 Header、Substation、Communication、IED、DataTypeTemplates 五大部分组成,如图 6-35 所示。

下面对 SCL 每一部分进行详细的介绍:

Header 部分包含 SCL 文件标识、文件版本、配置工具、文件修改历史记录等信息。

Substation 部分描述变电站的功能结构、标识一次设备以及它们的电气连接关系。

Communication 部分描述各个 IED 的 SV 控制块和 GOOSE 控制块的地址信息,SMV 节点下 Address 节点配置了 SV 控制块的 APPID、MAC、VLAN-ID 和 VLAN 优先级,GOOSE 控制块的相关参数是在 GSE 节点下的 Address 节点中配置,此外,GSE 节点中还配置 GOOSE 报文发送的心跳时间 Maxtime 和最小重发时间 Mintime。

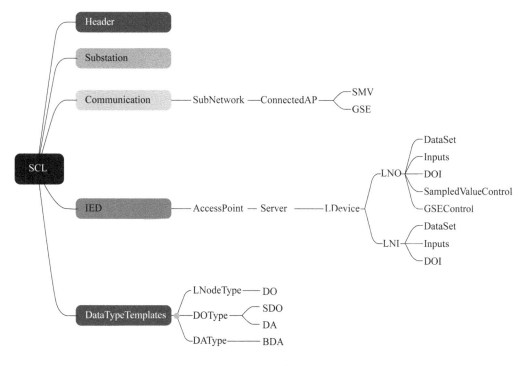

图 6-35　SCL 文件组成图

IED 部分是指各个智能电子设备的具体内容,SV、GOOSE 的发布和订阅都在此描述。

6.4.4　IEC61850 API 介绍

1. 创建与服务器的连接

IEC 61850 客户端 API 包含支持模型发现、读取和写入数据属性、数据集处理、报告配置和接收、文件服务和控制操作的功能。

在连接到服务器之前,必须创建一个 IedConnection 对象(如图 6-36)。将使用 IedConnection_connect 方法建立连接。第一个参数是新创建的 IedConnection 实例。第二个参数提供指向变量的指针,客户端堆栈可以在该变量中存储错误信息。第三个参数是一个字符串,其中包含要连接的服务器的 IP 地址或主机名。最后一个参数提供服务器的 TCP 端口。彩信的默认 TCP 端口为 102。因此,我们应该始终选择此端口。

上面的代码片段将连接到 IP 地址为 192.168.1.2 的服务器,该服务器在端口 102(默认的彩信端口)上侦听。如果完成任务,则必须调用 IedConnection_close 才能正确关闭与服务器的连接。关闭连接后,还应调用 IedConnection_destroy 以释放客户端堆栈分配的所有资源。

```
IedClientError error;

IedConnection con = IedConnection_create();

IedConnection_connect(con, &error, "192.168.1.2", 102)

if (error == IED_ERROR_OK) {
  // do some work

  IedConnection_close(con);
}

IedConnection_destroy(con);
...
```

图 6-36　创建一个 IedConnection 对象代码示例图

2. 控制连接参数

IEC 61850/MMS 协议是一种复杂的协议，由许多 OSI 协议层组成。与 MmsConnection 关联的 IsoConnection 参数对象可用于设置下层参数（位于 MMS 层下方）。如果服务器需要身份验证，它还可用于设置身份验证值。

3. 数据模型发现

IEC 61850 提供了广泛的功能来发现服务器上存在的数据模型。如果您知道要与之通信的设备的数据模型，则不需要这些功能。若要从服务器请求逻辑设备列表，可以调用该方法。

例如：LinkedList deviceList = IedConnection_getLogicalDeviceList(con，&error)；生成的链表包含服务器的所有逻辑设备的名称，作为 C 字符串的列表。

可以通过以逻辑设备的名称作为参数进行调用来检索逻辑设备的目录。图 6-37 的示例循环访问逻辑设备列表，并请求每个逻辑设备的逻辑节点列表。

```
LinkedList device = LinkedList_getNext(deviceList);

while (device != NULL) {
    printf("LD: %s\n", (char*) device->data);

    LinkedList logicalNodes = IedConnection_getLogical|
        (char*) device->data);

    device = LinkedList_getNext(device);
}
```

图 6-37　代码示例图

4. 读取和写入对象

使用 IedConnection_readObject 和 IedConnection_writeObject 功能读取或写入简单或复杂的数据属性/对象。在使用这些函数之前，必须建立与服务器的连接，如上所述。第一个参数是已建立连接的连接对象。第二个参数是指向 IedClientError 变量的指针。第三个参数是要访问的数据属性/对象的对象引用。第四个参数是功能约束（例如 MX），代码如图 6-38 所示。

```
IedClientError error;

...

/* read an analog measurement value from server */
MmsValue* value = IedConnection_readObject(con, &error,
    "simpleIOGenericIO/GGIO1.AnIn1.mag.f", MX);

if (value != NULL) {
    float fval = MmsValue_toFloat(value);
    printf("read float value: %f\n", fval);
    MmsValue_delete(value);
}

/* write a variable to the server */
value = MmsValue_newVisibleString("libiec61850.com");

IedConnection_writeObject(con, &error,
    "simpleIOGenericIO/GGIO1.NamPlt.vendor", DC, value);

if (error != IED_ERROR_OK)
    printf("failed to write simpleIOGenericIO/GGIO1.NamPlt
```

图 6-38　代码示例图

IedConnection_readObject、IedConnection_writeObject 函数使用 MmsValue 的实例作为结果或参数。这些函数的好处是它们非常灵活，也可用于访问复杂（结构化）数据。此外，在使用 readObject 函数时，必须事先知道结果的类型。另一个后果是，对于读取函数，API 用户在处理后始终必须释放（通过使用 MmsValue_delete）数据。此外，通过使用 writeObject 函数，您必须处理 MmsValue 及其特殊的 setter 函数。为了避免这种情况，客户端 API 还包含一些方便的函数，这些函数允许使用本机数据类型作为参数进行读取和写入。这些函数仅限于访问简单（基本）数据属性。此外，在读取情况下，必须知道结果的类型。

5. 处理数据集

数据集是数据属性（DA）或功能约束数据对象（FCDO）的组。它们用于简化对功能相关变量组的访问。例如，如果您想读取服务器最重要的状态值，则不必向服务器询问每个单独的变量。相反，您可以定义一个包含所有必需数据的数据集（或者最有可能使用预定义的数据集),并使用数据集引用作为参数的单个读取来请求它们。数据集涉及报告、GOOSE 消息、日志(数据的时间序列)等相关的信息。

IEC 61850 客户端 API 支持以下数据集相关服务:读取数据集值、定义新的数据集、删除现有数据集、读取数据集的目录(变量列表)。

为了表示数据集客户端,库使用 ClientDataSet 类型的对象。可以将 ClientDataSet 视为存储数据集值的容器,它由以下函数组成(如图 6-39 所示)。

```
void
ClientDataSet_destroy(ClientDataSet self);

MmsValue*
ClientDataSet_getValues(ClientDataSet self);

char*
ClientDataSet_getReference(ClientDataSet self);

int
ClientDataSet_getDataSetSize(ClientDataSet self);
```

图 6-39　函数组成图

6. 接收报告

报告用于基于事件的消息传输。如果需要使用某些变量的状态进行更新,则报告提供了不强制您定期向服务器发送读取请求的方法。服务器通常包含预配置的报表控制块(RCB)。客户端必须保留、配置和激活此类 RCB,然后才能从服务器接收报告消息。

若要处理报表客户端,需要以下数据类型:

ClientReportControlBlock-是用于保存客户端 RCB 值的数据容器;

客户报告-表示收到的报告;

客户端数据集-用于接收到的报告的数据值的容器;

ReportCallbackFunction-收到报告时的回调函数;

原因包含-枚举以指示将数据集成员纳入报告的原因;

若要开始使用报表,需要在服务器上配置并启用 RCB。您可以从使用 IedConnection_getRCBValues 函数读取 RCB 的值开始。

6.4.5　IEC61850 协议实现

在网关设计中,本文使用 C++设计 IEC61850 的客户端,在工程文件中 src 文件夹中的 iec61850_task.h 和 iec61850_task.cpp 进行 IEC61850 服务端的设计。

在 iec61850_task.h 头文件中我们定义枚举类型 IEC61850_MSG_TYPE、IEC61850_TASK_STAT,代码如图 6-40 所示。结构体 iec61850Msg、iec61850_client_configuration、iec61850_tag_configuration,代码如图 6-41 所示。

```
typedef enum IEC61850_MSG_TYPE {
    IEC61850_MSG_CLIENT_CONFIG = 0,
    IEC61850_MSG_TAG_CONFIG,
    IEC61850_MSG_CFG_UPDTAE_VALUE,
    IEC61850_MSG_CFG_DONE,
    IEC61850_CFG_RESET
} IEC61850MsgType;

typedef struct iec61850Msg {
    uint32_t type;
    void *msg;
} IEC61850Msg;

typedef enum IEC61850_TASK_STAT {
    IEC61850_TASK_WAIT_CONFIG = 0,
    IEC61850_TASK_INIT,
    IEC61850_TASK_WORKING,
    IEC61850_TASK_RESET,
    IEC61850_TASK_ERROR,
    IEC61850_TASK_NOTHING
} IEC61850TaskStat;
```

图 6-40　定义枚举代码示例图

```
typedef struct iec61850_client_configuration {
    uint32_t portNum;
    string   ipAddress;
    string   deviceName;
} IEC61850ClientConfiguration;

typedef struct iec61850_tag_configuration {
    string node;
    string name;
    string fc;//FunctionalConstraint
} IEC61850TagConfiguration;
```

图 6-41　结构体代码示例图

在 iec61850 _ task. h 头文件中设计了三个类,分别是 IEC61850Tag 类、IEC61850Client 类、IEC61850TaskCm 类。在 IEC61850Tag 类中设计 node、name、fc 三种属性包含标签中的内容,在 IEC61850Client 类中设计 portNum、ipAddress、deviceName、tagCount、tagList 等属性,并设计类函数获取端口号、ip 地址、设备名字、标签个数等属性,在 IEC61850TaskCm 类中对增加标签、增加设备、打印配置信息、初始化所有设备的连接、读取所有标签的类函数进行声明。

在 iec61850_task.cpp 中做类函数的实现,在 stateMachine 类函数中实现对不同状态的操作,在 IEC61850_TASK_WAIT_CONFIG 状态中,实现添加客户端设备,添加标签、打印配置信息、初始化连接等操作,在 IEC61850_TASK_WORKING 状态中,读取所有标签中的内容,代码如图 6-42 所示。

```cpp
void IEC61850TaskCm::stateMachine(void *msg) {
    switch (stat) {
    case IEC61850_TASK_WAIT_CONFIG: {
        IEC61850Msg *mCfg = (IEC61850Msg*) msg;
        if (IEC61850_MSG_CLIENT_CONFIG == mCfg->type) {
            IEC61850ClientConfiguration *client_cfg =
                    (IEC61850ClientConfiguration*) mCfg->msg;
            addServer(client_cfg);
            delete client_cfg;
        }
        if (IEC61850_MSG_TAG_CONFIG == mCfg->type) {
            IEC61850TagConfiguration *tag_cfg = (IEC61850TagConfiguration*) mCfg->msg;
            addTag(tag_cfg);
            delete tag_cfg;
        }
        if (IEC61850_MSG_CFG_DONE == mCfg->type) {
            stat = IEC61850_TASK_WORKING;
            printConfigurations();
            initConnection();
        }
        delete mCfg;
    }
        break;
    case IEC61850_TASK_INIT:
        stat = IEC61850_TASK_WORKING;
        break;
    case IEC61850_TASK_WORKING: {
        IEC61850Msg *mCfg = (IEC61850Msg*) msg;
        if (IEC61850_MSG_CFG_UPDTAE_VALUE == mCfg->type) {
            if(reduction_cnt++ > ratio){
                reduction_cnt = 0;
                readAllTags();
            }
        }
        delete mCfg;
    }
```

图 6-42   stateMachine 类函数代码示例图

在 connectServer 类函数中,与服务端进行连接,说明 ip 和端口号,并将结果发送到日志线程中,代码如图 6-43 所示。

在类函数 readTags 中,对 MMS 发送的不同值(数组值、布尔值、整数、字符串、浮点数)进行判断和获取,代码如图 6-44 所示。

```
bool IEC61850Client::connectServer(void) {
    IedClientError error;
    IedConnection_connect(con, &error, ipAddress.c_str(), portNum);
    if (error == IED_ERROR_OK) {
        connected = true;
        putLogMsg(LOG_INFO, LOG_IEC61850, "connected success:", ipAddress.c_str());
    }
    else{
        connected = false;
        putLogMsg(LOG_ERR, LOG_IEC61850, "connected failed:", ipAddress.c_str());
    }
    return true;
}
```

图 6-43　connectServer 类函数代码示例图

```
bool IEC61850Client::readTags(const string &device_name) {
    IedClientError error;
    vector<IEC61850Tag*>::iterator tag_it;
    MmsType ret_type;
    if(!connected) return false;
    string mqtt_str = "{\"device\":\"" + device_name + "\",\"data\":[";
    char value_chars[256];
    for (tag_it = tagList.begin(); tag_it != tagList.end(); tag_it++) {
        mqtt_str += "{\"tag\":\"" + (*tag_it)->name + "\", \"value\":\"";
        MmsValue* value = IedConnection_readObject(con, &error, (*tag_it)->node.c_str(), (*tag_it)->fc);
        if(NULL == value) {
            sprintf(value_chars, "error %d", error);
            return false;
        }
        ret_type = MmsValue_getType(value);
        switch(ret_type)//neglect type defined in xml
        {
        case MMS_DATA_ACCESS_ERROR:
            sprintf(value_chars, "%s", "node error");
            break;
        case MMS_ARRAY:break;//TODO:support later
            {
                uint32_t val = MmsValue_getArraySize(value);
                sprintf(value_chars, "%d", val);
                break;
            }
        case MMS_STRUCTURE:break;
        case MMS_BOOLEAN:
```

图 6-44　类函数 readTags 代码示例图

在类函数 readTags 的最后,将 MMS 的值通过消息队列的方式发送到 mqtt 线程中,代码如图 6-45 所示。

在类函数 addTag 中,指定变量的约束条件,将新建的标签添加到列表标签中,代码如图 6-46 所示。

```
        MmsValue_delete(value);
        mqtt_str += string(value_chars);
        mqtt_str += "\"}";
        if(tag_it != (tagList.end()-1)) mqtt_str += ",";
    }
    mqtt_str += "]}";
    //cout<<mqtt_str<<endl;
    MQTTMsg *msg = new MQTTMsg;
    msg->Cmd = MQTT_CMD_PUB;
    msg->Message = mqtt_str;
    OsSendMessage(TskId_MQTT, (void*)msg, 0);
    return true;
}
```

图 6-45　发送消息代码示例图

```
void IEC61850TaskCm::addTag(IEC61850TagConfiguration *config) {
    if (deviceList.size() < 1) {
        cout << "Fatal error, empty device list" << endl;
        return;
    }
    vector<IEC61850Client*>::iterator it;
    it = deviceList.end();
    it--; //get latest added device
    eFunctionalConstraint fc = IEC61850_FC_ST; //IEC61850_FC_MX,IEC61850_FC_ST);
    if(config->fc == "ST") fc = IEC61850_FC_ST;
    if(config->fc == "MX") fc = IEC61850_FC_MX;
    if(config->fc == "SP") fc = IEC61850_FC_SP;
    if(config->fc == "SV") fc = IEC61850_FC_SV;
    if(config->fc == "DC") fc = IEC61850_FC_DC;
    (*it)->addTag(config->node, config->name, fc);
}
```

图 6-46　添加标签代码示例图

在 printConfigurations 类函数中,打印出设备的名字、ip 地址、端口号;标签的名字、节点内容、约束条件等信息,最后将这些信息发送到日志中,代码如图 6-47 所示。

```
void IEC61850TaskCm::printConfigurations(void){
    vector<IEC61850Client*>::iterator dev_it;
    char info_chars[256];
    for (dev_it = deviceList.begin(); dev_it != deviceList.end(); dev_it++) {
        sprintf(info_chars, "name: %s ip:%s port:%d",
                (*dev_it)->getDeviceName().c_str(),
                (*dev_it)->getIpAddress().c_str(),
                (*dev_it)->getPortNum());
        putLogMsg(LOG_INFO, LOG_IEC61850, info_chars);
        uint32_t idx;
        for (idx = 0; idx <= (*dev_it)->getTagCount(); idx++) {
            IEC61850Tag *pTag = (*dev_it)->getTag(idx);
            if (NULL == pTag)
                break; //Should not happen ... hopefully
            sprintf(info_chars, "name %s node:%s fc:%d",
                        pTag->name.c_str(),
                        pTag->node.c_str(),
                        pTag->fc);
            putLogMsg(LOG_INFO, LOG_IEC61850, info_chars);
        }
    }
}
```

图 6-47　printConfigurations 类函数代码示例图

6.5　IEC104 协议配置

6.5.1　IEC104 简介

什么是 IEC104 协议呢？为什么要使用 IEC104 协议呢？这个协议比其他协议有什么优势？我们下面详细说明。

104 规约由国际电工委员会制定。IEC104 规约把 IEC101 的应用服务数据单元（ASDU）用网络规约 TCP/IP 进行传输的标准，该标准为远动信息的网络传输提供了通信规约依据。采用 104 规约组合 101 规约的 ASDU 的方式后，可以很好地保证规约的标准化和通信的可靠性。

由于现在大部分的电力系统的厂家所使用的协议多样化，IEC104 协议的出现顺利解决了不同协议之间交互数据所造成的麻烦。在底层的计算机网络中，数据是不可靠地分组传送的，可能存在数据的丢失、延迟、重复和乱序。所以 IEC104 就使用了超时和重传的机制，就是数据包里的控制域里加了发送序号和接收序号，简而言之，就是客户端和服务端都得记住自己发送过多少个数据，如果中间出现了不匹配，就特殊处理，重新激活链接。

6.5.2 IEC104 通信流程

IEC104 协议的通信流程如图 6-48 所示。

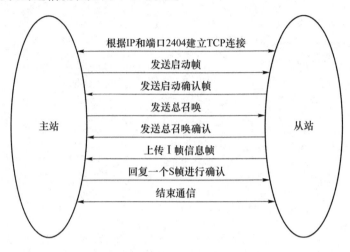

图 6-48　IEC104 协议的通信流程

（1）首先根据从站 Slave 端的 IP 和端口（默认 2404）建立 TCP 链接（需要编码实现的是主站 Master，被采集的是从站 Slave）。

（2）主站给从站发送启动帧，报文内容：68 04 07 00 00 00。

（3）从站收到启动帧，给主站发送启动确认帧，报文内容：68 04 0B 00 00 00。

（4）主站给从站发送总召唤，报文内容：68 0E 00 00 00 00 64 01 06 00 01 00 00 00 00 14。

（5）从站收到主站的总召唤命令，给主站发送总召唤确认，报文内容：68 0E 00 00 02 00 64 01 07 00 01 00 00 00 00 00 14。

（6）从站上传遥信，遥测，电度等 I 帧信息帧（一般主站接收 8 帧 I 帧，回复一帧 S 帧），发送完毕从站发送总召唤结束帧。

（7）主站收到从站发送的结束帧，会回复一个 S 帧的确认帧。

（8）然后进入下一个周期。

6.5.3 IEC104 数据包格式

104 协议总结构如表 6-29 所示。

表 6-29 104 协议总结构

104 协议帧格式				说明
APDU 应用规约数据单元	APCI 应用规约控制信息		启动字符(68H)	68H
			APDU 长度(L)	ASDU+4
			控制域 1(C1)	1
			控制域 2(C2)	
			控制域 3(C3)	
			控制域 4(C4)	
	ASDU 应用服务数据单元	数据单元标识符	数据单元类型 类型标识(TYP)	2
			可变结构限定词(VSQ)	
			传送原因(COT)	
			ASDU 公共地址(ADR)	
		信息对象 1	信息对象地址(infoAdr)	
			信息元素集	
			信息对象时标(可选)	
		……	……	
		信息对象 2	信息对象地址(infoAdr)	
			信息元素集	
			信息对象时标(可选)	

1. APCI 应用规约控制信息

104 协议的帧格式有三种,分别为(I 帧、U 帧、S 帧)。

I 帧格式:信息传输格式类型,用于传输含有信息体的报文和确认对方 I 格式的信息报文。I 格式的 APDU 包含 APCI 和 ASDU,I 帧是 104 的核心,I 帧包含 ASDU,数据传输都属于 I 帧,如总召唤帧、发送即时报文、电度总召唤、遥控等下发指令,接收的数据帧如遥信、遥测、遥脉、SOE 帧都属于 I 帧。

U 帧格式:用于传输控制命令的报文。U 格式的 APDU 只包含 APCI,帧长 6 字节,如表 6-30 所示。

表 6-30 U 帧格式报文

U 帧格式报文	控制域	语义
68 04 07 00 00 00	0000 0111	启动命令
68 04 0B 00 00 00	0000 1011	启动确认
68 04 13 00 00 00	0001 0011	停止命令
68 04 23 00 00 00	0010 0011	停止确认
68 04 43 00 00 00	0100 0011	测试命令
68 04 83 00 00 00	1000 0011	测试确认

S 帧格式：计数的监视功能类型，用于传输对站端的确认的报文。S 格式的 APDU 只包含 APCI，帧长 6 字节。S 格式的 APDU 的帧内容为如下 6 个字节：68 04 01 00 98 53，前四个字节固定，后两个字节表示接收序号。

S 帧和 I 帧结合使用，用于信息确认，主站和子站可以按频率发送，比如接收 8 帧 I 帧回答一帧 S 帧，也可以要求接收一帧 I 帧就应答一帧 S 帧。

2. 数据单元标识符

由于涉及专有名词，下面对专有名词进行解释。

四遥指的是：遥信、遥测、遥控和遥调（设点）；分别对应数字输入 DI、模拟输入 AI、数字输出 DO 和模拟输出 AO。

单点与双点的区别：以遥信为例，单点就是用一位标识一个遥信量，比如开关位置，只采集一个常开的辅助接点，值为 1 表示合位，0 表示分位；而双点需要采集常开合常闭两个辅助接点位置，当常开点值为 1 并且常闭点值为 0，即 10，则认为开关在合位；当常开点值＝0 并且常闭点值为 1，即 01，认为开关在分位；当两个位置值都为 1，或两个值都为 0，则认为开关位置不能确定。遥控也是一样的道理。

遥控分为直控和选控，直控实际上就是去掉选择命令，直接发执行命令。一般来说保护压板、保护复归为直控；测控压板、刀闸开关、分接头的升降停为选控。

选控的一般流程如下：主站下发选择命令→装置回选择确认报文→主站下发执行命令→装置回执行确认报文→完成结束报文。

直控的一般流程如下：主站下发执行命令→装置回执行确认报文→完成结束报文。

遥控命令的格式如表 6-31 所示。

表 6-31　遥控命令的格式

位数	D7	D6	D5	D4	D3	D2	D1	D0
单点遥控命令	S/E			QU			0	SCS
双点遥控命令	S/E			QU			DCS	

S/E 为选择/执行位，0 代表执行，1 代表选择；QU 代表遥控命令品质，0 代表被控站内部确定遥控输出的方式，不由控制站选择，1 代表短脉冲方式输出，持续时间由被控站的系统参数决定，2 代表长脉冲方式输出，持续时间由被控站的系统参数决定，3 代表持续脉冲方式，其他值没有定义。

SCS 代表单点遥控命令状态，0 代表分/开，1 代表合/关；DCS 代表双点遥控命令状态，1 代表分/开，2 代表合关，0、3 代表不允许。

QU 一般为 0，那么单点遥控——遥控选择分：0x80；遥控执行或遥控撤销分：0x00；遥控选择合：0x81；遥控选择或遥控撤销合：0x01；双点遥控——遥控选择分：0x81；遥控执行或遥控撤销分：0x01；遥控选择合：0x82；遥控选择或遥控撤销合：0x02。

1）数据单元类型
数据单元类型中的类型标识如表 6-32 所示。

表 6-32　常用的类型标识

数据类型	值	含义
遥信	01	不带时标的单点遥信,每个遥信占 1 个字节
	03	不带时标的双点遥信,每个遥信占 1 个字节
	14	具有状态变位输出的成组单点遥信,每个字节 8 个遥信
遥测	09	带品质描述的测量值,每个遥测值占 3 个字节
	0A	带 3 个字节时标的且具有品质描述的测量值,每个遥测值占 6 个字节
遥脉	0F	不带时标的电能量,每个电能量占 5 个字节
	10	带 3 个字节短时标的电能量,每个电能量占 8 个字节
SOE	02	带 3 个字节短时标的单点遥信
	04	带 3 个字节短时标的双点遥信
其他	2E	双点遥控
	2F	双点遥调
	67	时钟同步

可变结构限定词:占 1 个字节,最高位为是否连续标志(1:连续,0:不连续),后 7 位表示信息对象个数。当可变结构限定词最高位为 1 表示连续,其对应 n 个信息对象中,第一个信息对象中含有信息体地址(3 个字节)表示此帧报文中的信息从这个地址开始,第二个信息对象中不再包含信息体地址,第二个信息对象地址是在第一信息对象中的信息体地址递增。当可变结构限定词最高位为 0 表示不连续,每个信息对象中都包含信息体地址。

2)传送原因

传送原因可见图 6-49 所示。

D7	D6	D5	D4	D3	D2	D1	D0
T	P/N	传送原因					
源发地址							

图 6-49　传送原因

其中 T 代表试验位(0 未试验,1 试验),它说明了应用服务数据单元是在测试条件下所产生的,被用于测试传输和设备。P/N 位对启动应用功能的激活选择肯定或者否定的确认。P=0 表示肯定确认,P=1 表示否定确认。

3)ASDU 公共地址

ASDU 地址为 2 个字节,一般作为站地址,在低版本驱动程序中,一般高字节固定为 0,1~254 表示站地址,255 表示全局地址。

3. 信息体

1)信息对象地址

案例:49 01 00 01

说明：信息对象地址为 01 49H，在报文中低位在前，高位在后，显示为 49 01 00H，信息体元素为 01。

2）信息元素集

案例：01 40 00 00 c0 c9 44 00

说明：信息对象地址为 40 01H，信息体元素为 00 c0 c9 44 00，前四个字节为遥测值，第五个字节为品质描述词。

6.5.4　IEC104 API 介绍

1. 创建与 CS 104 服务器的连接

由于 IEC 60870-5-104 的连接基于 TCP 客户端/服务器连接，因此该连接将由客户端（主设备）建立。服务器（从站或分站）通常被动地等待连接。

通过调用 CS104_Connection 类型的 CS104_Connection_create 函数可以轻松创建新连接：

CS104_Connection con = CS104_Connection_create("127.0.0.1",2404);

这将创建一个准备连接到服务器的新 CS104_Connection 对象。参数是服务器的主机名或 IP 地址以及 TCP / IP 端口（通常为 2404）。对于端口参数，您还可以设置-1 以使用默认端口。

创建连接对象后，您现在可以简单地调用 CS104_Connection_connect 函数以连接到服务器：

CS104_Connection_connect(con)；

参数 con 是对上面创建的连接对象的引用。

正确建立连接后，可以使用连接对象发送命令和接收数据。

使用完连接对象后，您必须调用：

CS104_Connection_destroy(con)；

释放对象分配的所有资源。

2. 从站发送请求并接收响应

通常，应用程序与将应用程序层消息（ASDU）发送到从属设备有关。主端 API 支持通用和专用功能，以将消息发送到从属端。当发送系统命令或过程命令时，建议使用专用功能，因为它们有助于创建符合标准的 ASDU，它们通常以 CS101 和 CS104 的两个变体形式存在。

在一般情况下，可以使用 CS101＿Master＿sendASDU 或 CS104＿Connection＿sendASDU 函数发送任意 ASDU。

为了接收应用程序层消息，应用程序必须实现 CS101_ASDUReceivedHandler 回调。

在 CS101_ASDUReceivedHandler 中处理过程为：

通过 CS101_ASDU_getTypeID 函数得到 ASDU 的类型,比如 M_SP_NA_1(单点信息),CS101 _ ASDU _ getElement 函数得到 SinglePointInformation 对象,InformationObject _ getObjectAddress 函数得到地址信息,SinglePointInformation _ getValue 函数得到值信息,SinglePointInformation_getQuality 函数得到 quality 信息,CS101 _ ASDU _ getNumberOfElements 函数得到对象的个数,最后运用 SinglePointInformation_destroy 函数对对象进行销毁。

此回调处理程序必须安装 CS104_Connection_setASDUReceivedHandler 或 CS101_Master_setASDUReceivedHandler 功能。

CS101_Master_setASDUReceivedHandler(master,asduReceivedHandler,NULL);

所有回调处理程序的函数签名中都有一个通用参考参数,名称为"parameter"。用户可以使用此参数将特定于应用程序的上下文信息提供给回调处理程序。该参数将通过回调处理程序的安装功能进行设置(例如上例中的 CS101 _ Master _ setASDUReceivedHandler)。如果不使用此参数,则可以将其设置为 NULL。

3. 发送阅读请求

IEC 60870 文档不建议使用此服务(周期性数据请求或轮询),但这是获取所需数据的简便方法。您只需要知道公用地址(CA)和信息对象地址(IOA)即可创建正确的请求。

CS104_Connection_sendReadCommand(con,1 / * CA * /,2001 / * IOA * /);

该调用是非阻塞的。您必须在 CS101_ASDUReceivedHandler 回调函数中评估响应。通常,期望服务器响应仅包含基本数据类型而没有时间戳。

4. 总召唤

在主端(客户端)上,您可以简单地使用 Connection 对象的 sendInterrogationCommand 函数:

CS104 _ Connection _ sendInterrogationCommand (con, CS101 _ COT _ ACTIVATION,/ * CA * / 1,/ * QOI * / 20);

客户端方法如下所示:

bool CS104 _ Connection _ sendInterrogationCommand(CS104 _ Connection self,CS101_CauseOfTransmission cot,int ca,QualifierOfInterrogation qoi);

与其他方法一样,参数 ca 是公共地址(CA)。参数 qoi 是"询问符"(QOI)。QOI 的值" 20"(指示"总召唤")表示它是对所有数据点的请求。QOI 的其他值将指示客户端(主机)仅希望接收来自特定询问组的数据。

5. 时钟同步程序

对于时钟同步过程,控制站(主站)向受控站(从站)发送 C_CS_NA_1 ACT 消息,该消息包含当前有效时间信息作为 CP56Time2a 输入的时间值。发送了所有排队的带时间标记的 PDU 后,受控站必须更新其内部时间并以 C_CS_NA_1 ACT_CON 消息进行响应。

受控站的时钟同步可以用作 CS104_Connection_sendClockSyncCommand 或 CS101_Master_sendClockSyncCommand。

首先,必须创建并初始化 CP56Time2a 时间戳:

struct sCP56Time2a currentTime;

CP56Time2a_createFromMsTimestamp(&currentTime,Hal_getTimeInMs());

CS104_Connection_sendClockSyncCommand(con,1 / * CA * /,&currentTime);

或在使用动态内存分配和 CS 101 时:

CP56Time2a currentTime = CP56Time2a_createFromMsTimestamp(NULL,Hal_getTimeInMs());

CS101_Master_sendClockSyncCommand(master,1 / * CA * /,currentTime);

Hal_getTimeInMs 函数是独立于平台的方式,用于获取自 1970 年 1 月 1 日 UTC 以来的当前时间(以毫秒为单位)。也可以使用自己的功能来获取时间。

6. 命令程序

命令用于设置设置点和参数,或触发受控站上的某些动作。

以下命令类型(数据类型可用于命令):

C_SC(单点命令)-控制二进制数据(开关...)。

C_DC(双点指令)-以过渡状态控制二进制数据(移动开关...)。

S_RC(步进位置命令)-控制步进位置。

S_SE(设定点命令)-用于控制设定点(标定值,归一化值,浮点值)-也可以用于设定参数,警报极限等。

这些命令类型在带有时间标记(CP56TIme2a)的版本中也可用。

有两种不同的命令过程可用。在直接操作命令的程序和操作前选择命令过程。

要发送用于直接操作命令过程的命令,必须将 ACTIVATION APDU 发送到受控站。

将过程命令发送到受控站

InformationObject sc = (InformationObject)SingleCommand_create(NULL,5000,true,false,0);

CS101_Master_sendProcessCommand(master,CS101_COT_ACTIVATION,1,sc);

InformationObject_destroy(sc);

SingleCommand 数据类型的构造函数具有以下签名:

SingleCommand SingleCommand_create(SingleCommand self,int ioa,bool command,bool selectCommand,int qu);

为了发送直接操作命令,selectCommand 参数应该为 false。限定词(qu)通常应设置为 0。

对于选择操作之前的命令,必须将 selectCommand 参数设置为 true 来发送命令,以选择控制输出。在下一步中,必须将 selectCommand 设置为 false 的附加命令发送给实际命令执行。

如果命令成功执行,则外站将以 ACT_CON 响应消息(未设置否定标志)进行回答。万一外站无法执行命令,它还将以 ACT_CON 响应但设置了负标志来回答。您可以检查是否通过与接收到的 CS101_ASDU 实例一起使用的 CS101_ASDU_isNegative 函数设置了此标志。

对于 CS 104 主设备,可以使用 CS104_Master_sendProcessCommandEx 函数以相同的方式发送命令。

6.5.5　IEC104 协议实现

在网关设计中,我们使用 C++设计 IEC104 的服务端,在工程文件中 src 文件夹中的 iec104_task.h 和 iec104_task.cpp 进行 IEC104 服务端的设计。

在 iec104_task.h 头文件中我们定义枚举类型 IEC104_MSG_TYPE、IEC104_TASK_STAT、结构体 iec104_client_configuration、iec104Msg,代码如图 6-55 所示。

```
typedef enum IEC104_MSG_TYPE {
    IEC104_MSG_CLIENT_CONFIG = 0,
    //OPCUA_MSG_TAG_CONFIG,
    IEC104_MSG_CFG_UPDTAE_VALUE,
    IEC104_MSG_CFG_DONE,
    IEC104_MSG_CFG_RESET
} IEC104MsgType;

typedef struct iec104Msg {
    uint32_t type;
    void *msg;
} IEC104Msg;
```

(a) 定义函数代码示例图

```
typedef struct iec104_client_configuration {
    uint32_t portNum;
    uint32_t publicAddress;
    string   ipAddress;
    string   deviceName;
} IEC104ClientConfiguration;

typedef enum IEC104_TASK_STAT {
    IEC104_TASK_WAIT_CONFIG = 0,
    IEC104_TASK_INIT,
    IEC104_TASK_WORKING,
    IEC104_TASK_RESET,
    IEC104_TASK_ERROR,
    IEC104_TASK_NOTHING
} IEC104TaskStat;
```

(b) 定义函数代码示例图

图 6-50

在 iec104_task.h 头文件中设计了三个类分别是 IEC104Device 类、IEC104TaskCm 类。在 IEC104Device 类中设计 portNum、ipAddress、deviceName、groupAddress、index 等属性，并设计类函数获取端口号、ip 地址、设备名字、组地址等属性，在 IEC61850TaskCm 类中设计了任务状态、初始化状态、打印配置信息等属性。

在 iec104_task.cpp 中做类函数的实现，在 stateMachine 类函数中实现对不同状态的操作，在 IEC104_TASK_WAIT_CONFIG 状态中，实现添加客户端设备、打印配置信息、初始化连接等操作，在 IEC61850_TASK_WORKING 状态中，设置设备数的上限，当设备数超出上限时，设备数归 0，代码如图 6-51 所示。

```
IEC104TaskCm::stateMachine(void *msg) {
    switch (stat) {
    case IEC104_TASK_WAIT_CONFIG:
        {
            IEC104Msg *mCfg = (IEC104Msg*) msg;
            if (IEC104_MSG_CLIENT_CONFIG == mCfg->type) {
                IEC104ClientConfiguration* pClientCfg = (IEC104ClientConfiguration*)mCfg->msg;
                addDevice(pClientCfg);
                delete pClientCfg;
            }
            if (IEC104_MSG_CFG_DONE == mCfg->type) {
                stat = IEC104_TASK_WORKING;
                printAllDeviceInfo();
                initConnection();
            }
            delete mCfg;
        }
        break;
    case IEC104_TASK_INIT:
        stat = IEC104_TASK_WORKING;
        break;
    case IEC104_TASK_WORKING:
        {
            IEC104Msg *mCfg = (IEC104Msg*) msg;
            if(aliveCouter ++ >= 60)
            {
                aliveCouter = 0;
            }
            delete mCfg;
        }
        break;
```

图 6-51　stateMachine 类函数代码示例图

在类函数 connect 中，首先绑定客户端的 ip 和 port，然后设置连接模块的处理函数、接收 ASDU 消息处理函数，连接所有客户端，最后进行处理的信息发送给日志便于观察，代码如图 6-52 所示。

在静态函数 connectionHandler 中，设置连接出现的四种状态，分别是建立成功、连接关闭、接收 STARTDT_CON、接收 STOPDT_CON，代码如图 6-53 所示。

在类函数 asduReceivedHandler 中，对不同 ASDU 类型 M_SP_NA_1、M_SP_TB_1、

```
bool
IEC104Device::connect(void) {
    const char* ip = ipAddress.c_str();
    uint16_t port = (uint16_t)portNum;
    devInfo[index].connection = CS104_Connection_create(ip, port);
    CS101_AppLayerParameters alParams = CS104_Connection_getAppLayerParameters(devInfo[index].connection);
    alParams->originatorAddress = 0;
    CS104_Connection_setConnectionHandler(devInfo[index].connection, IEC104Device::connectionHandler, (void*)&this->index);
    CS104_Connection_setASDUReceivedHandler(devInfo[index].connection, IEC104Device::asduReceivedHandler, (void*)&this->index)
    if (CS104_Connection_connect(devInfo[index].connection)) {
        connected = true;
        putLogMsg(LOG_INFO, LOG_IEC104, "connected success:", deviceName.c_str());
        CS104_Connection_sendStartDT(devInfo[index].connection);
    }
    else{
        connected = false;
        putLogMsg(LOG_ERR, LOG_IEC104, "connect failed:" , deviceName.c_str());
    }
    return true;
}
```

图 6-52　类函数 connect 代码示例图

```
void
IEC104Device::connectionHandler (void* parameter, CS104_Connection connection, CS104_ConnectionEvent event)
{
    uint32_t index = *((uint32_t*)parameter);
    switch (event) {
    case CS104_CONNECTION_OPENED:
        cout<<"Connection established with index = "<<index<<endl;
        break;
    case CS104_CONNECTION_CLOSED:
        cout<<"Connection closed with index = "<<index<<endl;
        break;
    case CS104_CONNECTION_STARTDT_CON_RECEIVED:
        cout<<"Received STARTDT_CON with index = "<<index<<endl;
        break;
    case CS104_CONNECTION_STOPDT_CON_RECEIVED:
        cout<<"Received STOPDT_CON with index = "<<index<<endl;
        break;
    }
}
```

图 6-53　静态函数 connectionHandler 代码示例图

M_DP_NA_1、M_DP_TB_1、M_ME_NA_1、M_ME_NB_1、M_ME_TE_1、M_ME_NC_1、C_TS_TA_1 进行处理,通过三步进行处理。第一步,获取对象元素 io。第二步,获取 io 的地址、值、等级,并删除这个 io。第三步,将所有信息连接成字符串,通过消息队列的方式发送给 mqtt 线程中。

至此,我们完成了所有协议的讲解,并给出了具体详细地建立连接的方法和连接效果图。而当协议进行传输时,对协议数据的操作又会是一大问题。下一章,我们将对 MongoDB 数据库的相关内容进行介绍和演示。

第7章

网关 MySQL 数据库

数据库是一个长期存储在计算机内的、有组织的、有共享的、统一管理的数据集合。它是一个按数据结构来存储和管理数据的计算机软件系统。也就是说,数据库包含有两种含义:保管数据的"仓库",以及管理数据的方法和技术。数据库的发展大致可以划分为以下几个阶段:人工管理阶段、文件系统阶段、数据库系统阶段、高级数据库阶段。根据数据结构的联系和组织,数据库大致可以分为 3 类:层次式数据库、网络式数据库和关系型数据库。常见的数据库有甲骨文公司的 Oracle、IBM 公司的 DB2、微软公司的 Access 与 SQL Server 以及本章节详细介绍的 MySQL。

7.1 MySQL 介绍

MySQL 是一个开放源码的小型关联式数据库管理系统,开发者为瑞典 MySQL AB 公司。目前 MySQL 被广泛地应用在 Internet 上的中小型网站中。由于其体积小、速度快、总体拥有成本低,尤其是开放源码这一特点,许多中小型网站为了降低网站总体拥有成本而选择了 MySQL 作为网站数据库。

7.1.1 MySQL 概述

MySQL 是一个小型的开源的关系型数据库管理系统,与其他大型数据库管理系统例如 Oracle、DB2、SQL Server 等相比,MySQL 规模小,功能有限,但是它体积小、速度快、成本低,且它提供的功能对稍微复杂的应用已经够用,这些特性使得 MySQL 成为世界上最受欢迎的开放源代码数据库。MySQL 是一种开放源代码的关系型数据库管理系统(RDBMS),MySQL 数据库系统使用最常用的数据库管理语言——结构化查询语言(SQL)进行数据库管理。由于 MySQL 是开放源代码的,因此任何人都可以在 General Public License 的许可下下载并根据个性化的需要对其进行修改。MySQL 因为其速度、可靠性和适应性而备受关注。大多数人都认为在不需要事务化处理的情况下,MySQL

是管理内容最好的选择。

7.1.2 MySQL 特性

MySQL 由瑞典 MySQL AB 公司开发,目前属于 Oracle 公司。在 Web 应用方面,MySQL 是最好的关系数据库管理系统(Relational Database Management System,RDBMS)应用软件之一。MySQL 是一种关联数据库管理系统,关联数据库将数据保存在不同的表中,而不是将所有数据放在一个大仓库内,这样就增加了速度并提高了灵活性。MySQL 所使用的 SQL 语言是用于访问数据库的最常用标准化语言。MySQL 软件采用了双授权政策,由于其占用空间小、速度快、总体拥有成本低,尤其是开放源码这一特点,一般中小型网站的开发都选择 MySQL 作为网站数据库。

主要有以下特性:

(1)使用 C 和 C++ 编写,并使用了多种编译器进行测试,保证源代码的可移植性。

(2)支持 AIX、FreeBSD、HP-UX、Linux、Mac OS、NovellNetware、OpenBSD、OS/2Wrap、Solaris、Windows 等多种操作系统。

(3)为多种编程语言提供了 API。这些编程语言包括 C、C++、Python、Java、Perl、PHP、Eiffel、Ruby、.NET 和 Tcl 等。

(4)支持多线程,充分利用 CPU 资源。

(5)优化的 SQL 查询算法,可有效地提高查询速度。

(6)既能够作为一个单独的应用程序应用在客户端服务器网络环境中,也能够作为一个库嵌入其他的软件中。

(7)提供多语言支持,常见的编码如中文的 GB2312、BIG5,日文的 Shift_JIS 等都可以用作数据表名和数据列名。

(8)提供 TCP/IP、ODBC 和 JDBC 等多种数据库连接途径。

(9)提供用于管理、检查、优化数据库操作的管理工具。

(10)支持大型的数据库,可以处理拥有上千万条记录的大型数据库。

(11)支持多种存储引擎。

(12)MySQL 是开源的,所以用户不需要支付额外的费用。

(13)MySQL 使用标准的 SQL 数据语言形式。

(14)MySQL 对 PHP 有很好的支持,PHP 是目前最流行的 Web 开发语言之一。

(15)MySQL 是可以定制的,采用了 GPL 协议,用户可以修改源码来开发自己的 MySQL 系统。

(16)在线 DDL/更改功能,数据架构支持动态应用程序和开发人员灵活性。

(17)复制全局事务标识,可支持自我修复式集群。

(18)复制无崩溃从机,可提高可用性。

(19)复制多线程从机,可提高性能。

目前针对不同用户,MySQL 提供了 2 个不同的版本:

（1）MySQL Community Server：社区版，该版本完全免费，但是官方不提供技术支持。

（2）MySQL Enterprise Server：企业版，它能够为企业提供高性价比的数据仓库应用，支持 ACID 事务处理，提供完整的提交、回滚、崩溃恢复和行级锁定功能。但是该版本需付费使用，官方提供电话及文档等技术支持。

7.2　MySQL 安装与配置

MySQL 是全世界最流行的开源数据库软件之一，因其代码自由、最终用户可免费使用，首先在互联网行业得到应用。在过去十几年间，MySQL 在全球普及，但若想使用 MySQL 作为数据库开发一款优秀的软件，首先要知道如何安装 MySQL，本节将主要介绍 MySQL 在 Linux 环境下的安装与配置。

7.2.1　MySQL 在 Debian Linux 环境下的安装与启动

1. 下载安装包

首先从 MySQL 的官网（http://www.mysql.com/downloads/mysql/）下载安装程序，如图 7-1 所示，学者可根据自己设备运行的操作系统及操作系统的版本，选择对应软件的版本，本例中使用的是 64 位 Debian Linux 版本，如图 7-2 所示。

图 7-1　MySQL 下载页面

点击 Download 下载文件即可完成。

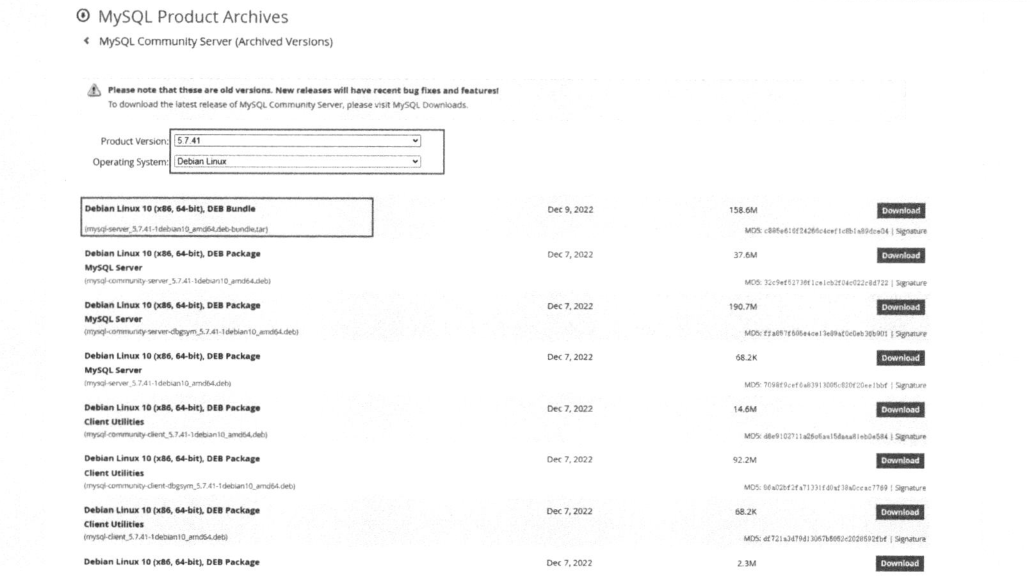

图 7-2　Linux Debian 版本 MySQL 下载页面

2. 解压

使用如下命令解压：

```
mkdir -p /root/package/mysql/mysql-server_5.7.41-1debian10_amd64.deb-bundle
cd /root/package/mysql/
tar -xvf mysql-server_5.7.41-1debian10_amd64.deb-bundle.tar -C mysql-server_5.7.41-
1debian10_amd64.deb-bundle/
```

解压后的文件如下：

```
libmysqlclient20_5.7.41-1debian10_amd64.deb
libmysqlclient-dev_5.7.41-1debian10_amd64.deb
libmysqld-dev_5.7.41-1debian10_amd64.deb
mysql-client_5.7.41-1debian10_amd64.deb
mysql-common_5.7.41-1debian10_amd64.deb
mysql-community-client_5.7.41-1debian10_amd64.deb
mysql-community-server_5.7.41-1debian10_amd64.deb
mysql-community-source_5.7.41-1debian10_amd64.deb
mysql-community-test_5.7.41-1debian10_amd64.deb
mysql-server_5.7.41-1debian10_amd64.deb
mysql-testsuite_5.7.41-1debian10_amd64.deb
root@debian:~/package/mysql#
```

3. 安装依赖

```
sudo apt install psmisc libaio1 libnuma1 libatomic1 libmecab2 perl
```

4. 安装组件

```
sudo dpkg -i mysql-common_5.7.42-1debian10_amd64.deb
sudo dpkg -i libmysqlclient20_5.7.42-1debian10_amd64.deb
sudo dpkg -i libmysqlclient-dev_5.7.42-1debian10_amd64.deb
sudo dpkg -i libmysqld-dev_5.7.42-1debian10_amd64.deb
```

5. 安装客户端

```
sudo dpkg -i mysql-community-client_5.7.42-1debian10_amd64.deb
sudo dpkg -i mysql-client_5.7.42-1debian10_amd64.deb
```

6. 安装服务端

```
# 安装服务端,期间会提示输入密码,并确认密码
sudo dpkg -i mysql-community-server_5.7.42-1debian10_amd64.deb
sudo dpkg -i mysql-server_5.7.42-1debian10_amd64.deb
```

7. MySQL 服务管理

```
# 启动服务
sudo systemctl start mysql
# 开机自启动
sudo systemctl enable mysql
# 查看状态
sudo systemctl status mysql
# 关闭服务
sudo systemctl stop mysql
# 重启服务
sudo systemctl restart mysql
```

经过上述过程可实现在 Debian Linux 环境下安装与配置 MySQL。

7.2.2　可视化工具 Navicat for MySQL 的安装

Navicat 是一套可创建多个连接的数据库管理工具,它可以用来对本机或远程的

MySQL、SQL Server、SQLite、Oracle 数据库及 PostgreSQL 数据库进行管理及开发。Navicat 的用户界面（GUI）设计极其完备，让你可以以安全且简单的方法创建、组织、访问和共享信息。Navicat 的产品成员包含 Navicat Premium，Navicat for MySQL，Navicat for Oracle，Navicat for SQLite，Navicat for SQLServer，Navicat for PostgreSQL，Navicat Report Viewer，Navicat Data Modeler 等。下面我们主要来介绍 Navicat for MySQL，它是一套专为 MySQL 设计的高性能数据库管理及开发工具。

1. 下载

本节选用的 Navicat for MySQL 的版本为 navicat16-mysql-cs. AppImage，官方下载地址：http://www. navicat. com. cn/download/navicat-for-mysql，如图 7-3 所示为 Navicat for mysql 的下载页面。

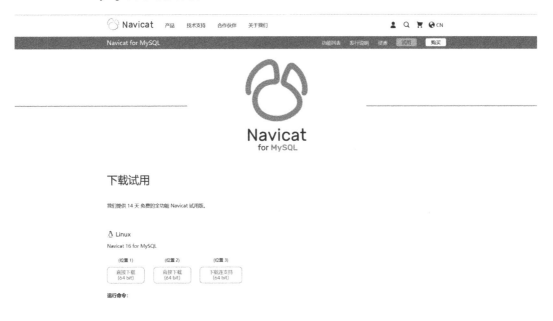

图 7-3　Navicat for mysql 下载页面

2. 运行 Navicat for mysql

```
chmod + x navicat16-mysql-cs. AppImage
./navicat16-mysql-cs. AppImage
```

7.3　MySQL 数据库的基本操作

MySQL 安装好之后，就可以进行数据库的相关操作。本节内容着重介绍数据库的基本操作,包括:创建数据库、删除数据库和数据库存储引擎。

7.3.1　创建数据表

　　MySQL 安装完成后,系统自动创建几个默认的数据库,这几个数据库存放在 data 目录下,可以使用数据库查询语句"SHOW DATABASES;"进行查看,输入语句及结果如图 7-4 所示。

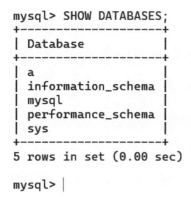

```
mysql> SHOW DATABASES;
+--------------------+
| Database           |
+--------------------+
| a                  |
| information_schema |
| mysql              |
| performance_schema |
| sys                |
+--------------------+
5 rows in set (0.00 sec)

mysql>
```

图 7-4　SHOW DATABASES 语句执行结果

　　数据库创建就是在系统磁盘上划分一块区域用于存储和管理数据,管理员可以为用户创建数据库,被分配了权限的用户可以自己创建数据库。MySQL 中创建数据库的基本语法格式如下。

```
CREATE DATABASE database_name;
```

　　其中"database_name"是将要创建的数据库名称,该名称不能与已经存在的数据库重名。

　　➢ 示例 7.1:创建数据库 bb。

　　输入语句如下:

```
CREATE DATABASE bb;
```

　　按 Enter 键,语句执行,创建名为 bb 的数据库,可以使用 SHOW CREATE DATABASE 声明查看数据库的定义,语句执行结果如图 7-5 所示。

　　从图 7-5 的执行结果可以看出,数据库创建成功,会显示相应的创建信息。

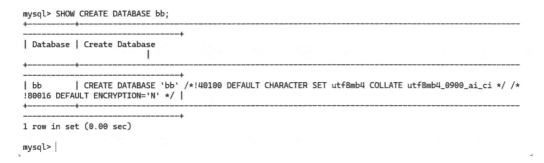

图 7-5　SHOW CREATE DATABASE 语句执行结果

7.3.2　删除数据表

删除数据库是将已经存在的数据库从磁盘空间中清除,连同数据库中的所有数据也全部被删除。MySQL 删除数据库的基本语法格式如下。

```
DROP DATABASE database_name;
```

其中"database_name"是要删除的数据库名称,如果指定数据库名不存在,则删除出错。

➤ 示例 7.2:删除数据库 bb。

输入语句如下:

```
DROP DATABASE bb;
```

执行上述语句,数据库 bb 被删除,再次使用 SHOW CREATE DATABASE 查看数据库定义,执行结果如图 7-6 所示。

```
mysql> DROP DATABASE bb;
Query OK, 0 rows affected (0.01 sec)

mysql> SHOW CREATE DATABASE bb;
ERROR 1049 (42000): Unknown database 'bb'
mysql>
```

图 7-6　DROP DATABASE 语句执行结果

从图 7-6 的执行结果可以看出,执行结果显示一条错误信息,表示数据库 bb 不存在,说明之前的删除语句已经成功删除数据库 bb。

7.3.3　数据库存储引擎

MySQL 提供了多个不同的存储引擎,包括处理事务安全表的引擎和处理非事务安全表的引擎。在 MySQL 中,不需要在整个服务器中使用同一种存储引擎,针对具体要求,可以对每一个表使用不同的存储引擎。MySQL 支持的存储引擎有:InnoDB, MyISAM, Memory, Merge, Archive, Federated, CSV, BLACKHOLE 等。可以使用 SHOW ENGINES 语句查看系统所支持的引擎类型,执行结果如图 7-7 所示。

```
mysql> SHOW ENGINES
    -> ;
+--------------------+---------+----------------------------------------------------------------+--------------+------+------------+
| Engine             | Support | Comment                                                        | Transactions | XA   | Savepoints |
+--------------------+---------+----------------------------------------------------------------+--------------+------+------------+
| MEMORY             | YES     | Hash based, stored in memory, useful for temporary tables      | NO           | NO   | NO         |
| MRG_MYISAM         | YES     | Collection of identical MyISAM tables                          | NO           | NO   | NO         |
| CSV                | YES     | CSV storage engine                                             | NO           | NO   | NO         |
| FEDERATED          | NO      | Federated MySQL storage engine                                 | NULL         | NULL | NULL       |
| PERFORMANCE_SCHEMA | YES     | Performance Schema                                             | NO           | NO   | NO         |
| MyISAM             | YES     | MyISAM storage engine                                          | NO           | NO   | NO         |
| InnoDB             | DEFAULT | Supports transactions, row-level locking, and foreign keys     | YES          | YES  | YES        |
| ndbinfo            | NO      | MySQL Cluster system information storage engine                | NULL         | NULL | NULL       |
| BLACKHOLE          | YES     | /dev/null storage engine (anything you write to it disappears) | NO           | NO   | NO         |
| ARCHIVE            | YES     | Archive storage engine                                         | NO           | NO   | NO         |
| ndbcluster         | NO      | Clustered, fault-tolerant tables                               | NULL         | NULL | NULL       |
+--------------------+---------+----------------------------------------------------------------+--------------+------+------------+
11 rows in set (0.00 sec)

mysql>
```

图 7-7　SHOW ENGINES 语句执行结果

Support 列的值表示某种引擎是否能使用:YES 表示可以使用,NO 表示不能使用, DEFAULT 表示该引擎为当前默认存储引擎。

1. InnoDB 存储引擎

InnoDB 是事务型数据库的首选引擎,支持事务安全表(ACID),支持行锁定和外键, MySQL5.5.5 之后,InnoDB 作为默认存储引擎,InnoDB 主要特性有如下几点。

(1)InnoDB 给 MySQL 提供了具有提交、回滚和崩溃恢复能力的事物安全(ACID 兼容)存储引擎。InnoDB 锁定在行级并且也在 SELECT 语句中提供一个类似 Oracle 的非锁定读。这些功能增加了多用户部署和性能。在 SQL 查询中,可以自由地将 InnoDB 类型的表与其他 MySQL 的表的类型混合起来,甚至在同一个查询中也可以混合。

(2)InnoDB 是为处理巨大数据量提供最大性能而设计的。它的 CPU 效率可能是任何其他基于磁盘的关系数据库引擎所不能匹敌的。

(3)InnoDB 存储引擎完全与 MySQL 服务器整合,InnoDB 存储引擎为在主内存中缓存数据和索引而维持它自己的缓冲池。InnoDB 将它的表和索引存放在一个逻辑表空间中,表空间可以包含数个文件(或原始磁盘分区)。这与 MyISAM 表不同,比如在 MyISAM 表中每个表被存在分离的文件中。InnoDB 表可以是任何尺寸,即使在文件尺寸被限制为 2GB 的操作系统上。

(4)InnoDB 支持外键完整性约束(FOREIGN KEY)。存储表中的数据时,每张表的存储都按主键顺序存放,如果没有显示在表定义时指定主键,InnoDB 会为每一行生成一个 6 字节的 ROWID,并以此作为主键。

(5)InnoDB 被用在众多需要高性能的大型数据库站点上。InnoDB 不创建目录,使用 InnoDB 时,MySQL 将在 MySQL 数据目录下创建一个名为 ibdata1 的 10MB 的自动扩展数据文件,以及两个名为 ib_logfile0 和 ib_logfile1 的 5MB 的日志文件。

2. MyISAM 存储引擎

MyISAM 基于 ISAM 存储引擎，并对其进行扩展。它是在 Web、数据仓储和其他应用环境下最常使用的存储引擎之一。MyISAM 拥有较高的插入、查询速度，但不支持事务。在 MySQL5.5.5 之前的版本中，MyISAM 是默认存储引擎。MyISAM 主要特征如下。

（1）大文件（达 63 位文件长度）在支持大文件的文件系统和操作系统上被支持。

（2）当把删除和更新及插入操作混合使用的时候，动态尺寸的行产生更少碎片。这要通过合并相邻被删除的块，以及若下一个块被删除就扩展到下一块来自动完成。

（3）每个 MyISAM 表最大索引数是 64，这可以通过重新编译来改变。每个索引最大的列数是 16 个。

（4）最大的键长度是 1000 字节，也可以通过编译来改变。对于键长度超过 250 字节的情况，一个超过 1024 字节的键将被用上。

（5）BLOB 和 TEXT 列可以被索引。

（6）NULL 值被允许在索引的列中，这个值占每个键的 0～1 个字节。

（7）所有数字键值以高字节优先为原则被存储，以允许一个更高地索引压缩。

（8）每个 MyISAM 类型的表都有一个 AUTO_INCREMENT 的内部列，当执行 INSERT 和 UPDATE 操作的时候，该列被更新，同时 AUTO_INCREMENT 列将被刷新，所以说，MyISAM 类型表的 AUTO_INCREMENT 列更新比 InnoDB 类型的 AUTO_INCREMENT 更快。

（9）可以把数据文件和索引文件放在不同的目录。

（10）每个字符列可以有不同的字符集。

（11）VARCHAR 的表可以固定或动态地记录长度。

（12）VARCHAR 和 CHAR 列可以多达 64 KB。使用 MyISAM 引擎创建数据库，将生成 3 个文件。文件名字以表的名字开始，扩展名指出文件类型：存储表定义文件的扩展名为 FRM，数据文件的扩展名为 .MYD（MYData），索引文件的扩展名是 .MYI（MYIndex）。

3. MEMORY 存储引擎

MEMORY 存储引擎将表中的数据存储到内存中，为查询和引用其他表数据提供快速访问。MEMORY 主要特性如下。

（1）MEMORY 表的每个表可以有多达 32 个索引，每个索引 16 列，以及 500 字节的最大键长度。

（2）MEMORY 存储引擎执行 HASH 和 BTREE 索引。

（3）在一个 MEMORY 表中可以有非唯一键。

（4）MEMORY 表使用一个固定的记录长度格式。

（5）MEMORY 不支持 BLOB 或 TEXT 列。

（6）MEMORY 支持 AUTO_INCREMENT 列和对可包含 NULL 值的列的索引。

（7）MEMORY 表在所有客户端之间共享（就像其他任何非 TEMPORARY 表）。

（8）MEMORY 表内容被存在内存中，内存是 MEMORY 表和服务器在查询处理时的空闲中创建的内部共享。

（9）当不再需要 MEMORY 表的内容时，要释放被 MEMORY 表使用的内存，应该执行 DELETE FROM 或 TRUNCATE TABLE，或者删除整个表（使用 DROP TABLE）。

7.4　MySQL 数据表的基本操作

在数据库中，数据表是数据库中最重要、最基本的操作对象，是数据存储的基本单位。数据表被定义为列的集合，数据在表中是按照行和列的格式来存储的。每一行代表一条唯一的记录，每一列代表记录中的一个域。本节将详细介绍数据表的基本操作，主要内容包括：创建数据表、查看数据表结构、修改数据表和删除数据表。

7.4.1　创建数据表

1. 语法形式

数据表属于数据库，在创建数据表之前，应该使用语句"USE"指定操作是在哪个数据库中进行，如果没有选择数据库，直接创建数据表，系统会显示"No database selected"的错误。创建数据表的语句为 CREATE TABLE，语法规则如下。

```
CREATE TABLE <表名>
(
字段名1,数据类型[列级别约束条件][默认值],
字段名2,数据类型[列级别约束条件][默认值],
……
[表级别约束条件]
);
```

使用 CREATE TABLE 创建表时，必须指定以下信息。

（1）要创建的表的名称，不区分大小写，不能使用 SQL 语言中的关键字，如 DROP、ALTER、INSERT 等。

（2）数据表中每一个列（字段）的名称和数据类型，如果创建多个列，要用逗号隔离开。

➢ 示例 7.3：创建员工表 tb_employee1。

首先创建数据库，SQL 语句如下：

```
CREATE DATABASE a;
```

选择该数据库,SQL 语句如下:

```
USE a;
```

开始创建 tb_employee1 表,SQL 语句如下:

```
CREATE TABLE tb_employee1
(
id INT(11),
name VARCHAR(25),
deptId INT(11),
salary FLOAT
);
```

语句执行后,便创建了一个名称为 tb_employee1 的数据表,使用"SHOW TABLES;"语句验证数据表是否创建成功。执行结果如图 7-8 所示,可以看到,a 数据库中已经有了数据表 tb_employee1,数据表创建成功。

```
mysql> CREATE DATABASE a;
Query OK, 1 row affected (0.00 sec)

mysql> USE a;
Database changed
mysql> CREATE TABLE tb_employee1
    -> (
    -> id INT(11),
    -> name VARCHAR(25),
    -> deptId INT(11),
    -> salary FLOAT
    -> );
Query OK, 0 rows affected, 2 warnings (0.01 sec)

mysql> SHOW TABLES;
+--------------+
| Tables_in_a  |
+--------------+
| tb_employee1 |
+--------------+
1 row in set (0.00 sec)

mysql>
```

图 7-8 创建员工表 tb_employee1

2. 主键约束

主键,又称主码,是表中一列或多列的组合。主键约束(Primary Key Constraint)要求主键列的数据唯一,并且不允许为空。主键能够唯一标识表中的一条记录,可以结合外键来定义不同数据表之间的关系,并且可以加快数据库查询的速度。主键和记录之间的关系如同身份证和人之间的关系,它们之间是一一对应的。主键分为两种类型:单字段主键和多字段联合主键。

1) 单字段主键

单字段主键是指主键由一个字段组成,SQL 语句格式分为以下两种情况。

(1) 在定义列的同时指定主键,语法规则如下:

```
字段名 数据类型 PRIMARY KEY[默认值]
```

➤ 示例 7.4:定义数据表 tb_employee2,其主键为 id。

SQL 语句如下:

```
CREATE TABLE tb_employee2
(
id INT(11)PRIMARY KEY,
name VARCHAR(25),
deptId INT(11),
salary FLOAT
);
```

(2) 在定义完所有列之后指定主键,语法格式如下:

```
[CONSTRAINT] PRIMARY KEY [字段名]
```

➤ 示例 7.5:定义数据表 tb_employee3,其主键为 id。

SQL 语句如下:

```
CREATE TABLE tb_employee3
(
id INT(11),
name VARCHAR(25),
deptId INT(11),
salary FLOAT,
PRIMARY KEY(id)
);
```

上述两个示例 7.4 与示例 7.5 执行后的结果是一样的,都会在 id 字段上设置主键约束。

2) 多字段联合主键

多字段联合主键是指主键由多个字段联合组成,语法规则如下。

```
PRIMARY KEY[字段 1,字段 2,…,字段 n]
```

➢ 示例 7.6：定义数据表 tb_employee4，定义数据表 tb_employee4，假设表中间没有主键 id，为了唯一确定一个员工，把 name、deptID 联合起来作为主键。

SQL 语句如下：

```
CREATE TABLE tb_employee4
(
name VARCHAR(25),
deptId INT(11),
salary FLOAT,
PRIMARY KEY(name,deptId)
);
```

语句执行后，便创建了一个名称为 tb_employee4 的数据表，name 字段和 deptId 字段组合在一起成为该数据表的多字段联合主键。

3. 外键约束

外键用来在两个表的数据之间建立连接，它可以是一列或者多列。一个表可以有一个或者多个外键。外键对应的是参照完整性，一个表的外键可以为空值，若不为空值，则每一个外键值必须等于另一个表中主键的某个值。

外键：是表中的一个字段，它可以不是本表的主键，但对应另外一个表的主键。

外键的主要作用是保证数据引用的完整性，定义外键后，不允许删除在另一个表中具有关联关系的行。例如：部分表 tb_dept 的主键 id，在员工表 tb_employee5 中有一个键 deptId 与这个 id 关联。创建外键的语法规则如下。

```
[CONSTRAINT]FOREIGN KEY 字段名 1[,字段名 2,…]
REFERENCES 主键列 1[,主键列 2,…]
```

➢ 示例 7.7：定义数据表 tb_employee5，并且在该表中创建外键约束。

首先创建一个部门表 tb_dept1，表结构如下所示，SQL 语句如下：

```
CREATE TABLE tb_dept1
(
id INT(11)PRIMARY KEY,
name VARCHAR(22)NOT NULL,
location VARCHAR(50)
);
```

定义数据表 tb_employee5，让它的 deptId 字段作为外键关联到 tb_dept1 的主键 id，SQL 语句如下。

```
CREATE TABLE tb_employee5
(
idINT(11)PRIMARY KEY,
name VARCHAR(25),
deptId INT(11),
```

```
salary FLOAT,
CONSTRAINT fk_emp_dept1 FOREIGN KEY(deptId)REFERENCES tb_dept1(id)
);
```

以上语句执行成功后,在表 tb_employee5 上添加了名称为 fk_emp_dept1 的外键约束,外键名称为 deptId,其依赖于表 tb_dept1 的主键 id。

关联值是在关系型数据库中,相关表之间的联系。它是通过相容或相同的属性或属性组来表示的。子表的外键必须关联父表的主键,且关联字段的数据类型必须匹配,如果类型不一样,则创建子表时,就会出现错误提示。

7.4.2 查看数据表结构

使用 SQL 语句创建好数据表之后,可以查看表结构的定义,以确认表的定义是否正确。在 MySQL 中,查看表结构可以使用 DESCRIBE 和 SHOW CREATE TABLE 语句。

1. DESCRIBE/DESC 语句

DESCRIBE/DESC 语句可以查看表字段信息,其中包括:字段名、字段数据类型、是否为主键、是否有默认值等,语法格式如下。

```
DESCRIBE 表名;
```

或者简写为如下形式。

```
DESC 表名;
```

➤ 示例 7.8:分别使用 DESCRIBE 和 DESC 查看表 tb_dept1 和表 tb_employee1 的表结构。

查看 tb_dept1 表结构,SQL 语句如下:

```
DESCRIBE tb_dept1;
```

语句执行结果如图 7-9 所示。

```
mysql>  DESCRIBE tb_dept1;
+----------+-------------+------+-----+---------+-------+
| Field    | Type        | Null | Key | Default | Extra |
+----------+-------------+------+-----+---------+-------+
| id       | int         | NO   | PRI | NULL    |       |
| name     | varchar(22) | NO   |     | NULL    |       |
| location | varchar(50) | YES  |     | NULL    |       |
+----------+-------------+------+-----+---------+-------+
3 rows in set (0.00 sec)

mysql>
```

图 7-9   使用 DESCRIBE 查看表结构

查看 tb_employee1 表结构，SQL 语句如下：

```
DESC tb_employee1;
```

语句执行结果如图 7-10 所示。

```
mysql> DESC tb_employee1;
+--------+-------------+------+-----+---------+-------+
| Field  | Type        | Null | Key | Default | Extra |
+--------+-------------+------+-----+---------+-------+
| id     | int         | YES  |     | NULL    |       |
| name   | varchar(25) | YES  |     | NULL    |       |
| deptId | int         | YES  |     | NULL    |       |
| salary | float       | YES  |     | NULL    |       |
+--------+-------------+------+-----+---------+-------+
4 rows in set (0.00 sec)

mysql>
```

图 7-10　使用 DESC 查看表结构

其中，各个字段的含义分别解释如下。

- NULL：表示该列是否可以存储 NULL 值。
- Key：表示该列是否已编制索引。PRI 表示该列是表主键的一部分；UNI 表示该列是 UNIQUE 索引的一部分；MUL 表示在列中某个给定值允许出现多次。
- Default：表示该列是否有默认值，如果有的话值是多少。
- Extra：表示可以获取的与给定列有关的附加信息，例如 AUTO_INCREMENT 等。

2. SHOW CREATE TABLE 语句

SHOW CREATE TABLE 语句可以用来显示创建表时的 CREATE TABLE 语句，语法格式如下。

```
SHOW CREATE TABLE <表名\G>;
```

如果不加"\G"参数，显示的结果可能非常混乱，加上参数"\G"之后，可使显示结果更加直观，易于查看。

➢ 示例 7.9：使用 SHOW CREATE TABLE 查看表 tb_employee1 的详细信息。

SQL 语句如下：

```
SHOW CREATE TABLE tb_employee1\G;
```

语句执行结果如图 7-11 所示。

```
mysql> SHOW CREATE TABLE tb_employee1\G
*************************** 1. row ***************************
       Table: tb_employee1
Create Table: CREATE TABLE `tb_employee1` (
  `id` int DEFAULT NULL,
  `name` varchar(25) DEFAULT NULL,
  `deptId` int DEFAULT NULL,
  `salary` float DEFAULT NULL
) ENGINE=InnoDB DEFAULT CHARSET=utf8mb4 COLLATE=utf8mb4_0900_ai_ci
1 row in set (0.00 sec)

mysql>
```

图 7-11　使用 SHOW CREATE TABLE 查看表结构

7.4.3　修改数据表

修改数据表指的是修改数据库中已经存在的数据表的结构。MySQL 使用 ALTER TABLE 语句修改表。常用的修改表的操作有：修改表名，修改字段数据类型或字段名，增加和删除字段，修改字段的排列位置，更改表的存储引擎，删除表的外键约束等。本节将对此类修改表的操作进行讲解。

1. 修改表名

MySQL 是通过 ALTER TABLE 语句来实现表名的修改的，具体语法格式如下。

```
ALTER TABLE <旧表名> RENAME[TO] <新表名>;
```

其中，TO 为可选参数，使用与否不影响结果。

➢ 示例 7.10：将数据表 tb_dept1 改名为 tb_deptment1。

执行修改表名操作之前，使用 SHOW TABLES 查看数据库中所有的表，执行结果如图 7-12 所示。

```
mysql> SHOW TABLES
    -> ;
+---------------+
| Tables_in_a   |
+---------------+
| tb_dept1      |
| tb_employee1  |
| tb_employee3  |
| tb_employee4  |
| tb_employee5  |
+---------------+
5 rows in set (0.01 sec)

mysql>
```

图 7-12　数据库中所有的表

使用 ALTER TABLE 将表 tb_dept1 改名为 tb_deptment1，SQL 语句如下。

```
ALTER TABLE tb_dept1 RENAME tb_deptment1;
```

语句执行后,检验表 tb_dept1 是否改名成功。使用 SHOW TABLES 查看数据库中的表,执行结果如图 7-13 所示。

```
mysql> ALTER TABLE tb_dept1 RENAME tb_deptment1;
Query OK, 0 rows affected (0.02 sec)

mysql> SHOW TABLES;
+--------------+
| Tables_in_a  |
+--------------+
| tb_deptment1 |
| tb_employee1 |
| tb_employee3 |
| tb_employee4 |
| tb_employee5 |
+--------------+
5 rows in set (0.00 sec)

mysql>
```

图 7-13　修改 tb_dept1 数据表名及检验

经比较可以看到,数据表列表中已经显示表名为 tb_deptment1。

2. 修改字段数据类型

修改字段的数据类型,就是把字段的数据类型转换成另一种数据类型。在 MySQL 中修改字段数据类型的语法格式如下。

```
ALTER TABLE <表名> MODIFY <字段名> <数据类型>;
```

其中,"表名"指需要修改数据类型的字段所在表的名称;"字段名"指需要修改的字段;"数据类型"指修改后字段的新数据类型。

➢ 示例 7.11:将数据表 tb_dept1 中 name 字段的数据类型由 VARCHAR(22)修改成 VARCHAR(50)。

在执行修改表名操作之前,使用 DESC 查看 tb_dept1 表结构,结果如图 7-14 所示。

```
mysql> DESC tb_dept1;
+----------+-------------+------+-----+---------+-------+
| Field    | Type        | Null | Key | Default | Extra |
+----------+-------------+------+-----+---------+-------+
| id       | int         | NO   | PRI | NULL    |       |
| name     | varchar(22) | NO   |     | NULL    |       |
| location | varchar(50) | YES  |     | NULL    |       |
+----------+-------------+------+-----+---------+-------+
3 rows in set (0.00 sec)

mysql>
```

图 7-14　DESC 语句查看 tb_dept1 表结构

可以看到现在 name 字段的数据类型为 VARCHAR(22)，下面修改其数据类型。输入如下 SQL 语句并执行。

```
ALTER TABLE <表名> MODIFY <字段名> <数据类型>;
```

再次使用 DESC 查看表，结果如图 7-15 所示。

```
mysql> ALTER TABLE tb_dept1 MODIFY name VARCHAR(50);
Query OK, 0 rows affected (0.06 sec)
Records: 0  Duplicates: 0  Warnings: 0

mysql> DESC tb_dept1;
+----------+-------------+------+-----+---------+-------+
| Field    | Type        | Null | Key | Default | Extra |
+----------+-------------+------+-----+---------+-------+
| id       | int         | NO   | PRI | NULL    |       |
| name     | varchar(50) | YES  |     | NULL    |       |
| location | varchar(50) | YES  |     | NULL    |       |
+----------+-------------+------+-----+---------+-------+
3 rows in set (0.00 sec)

mysql>
```

图 7-15 DESC 语句查看 tb_dept1 表结构

语句执行之后，检验会发现表 tb_dept1 中 name 字段的数据类型已经修改成 VARCHAR(50)，修改成功。

3. 修改字段名

MySQL 中修改表字段名的语法格式如下。

```
ALTER TABLE <表名> CHANGE <旧字段名> <新字段名> <新数据类型>;
```

其中，"旧字段名"指修改前的字段名；"新字段名"指修改后的字段名；"新数据类型"指修改后的数据类型，如果不需要修改字段的数据类型，可以将新数据类型设置成与原来一样即可，但数据类型不能为空。

➤ 示例 7.12：将数据表 tb_dept1 中的 location 字段名称改为 loc，数据类型保持不变。

SQL 语句如下：

```
ALTER TABLE tb_dept1 CHANGE location loc VARCHAR(50);
```

使用 DESC 查看表 tb_dept1，会发现字段名称已经修改成功，结果如图 7-16 所示。

➤ 示例 7.13：将数据表 tb_dept1 中的 loc 字段名称改为 location，数据类型变成 VARCHAR(100)。

SQL 语句如下：

```
ALTER TABLE tb_dept1 CHANGE loc location VARCHAR(100);
```

```
mysql> ALTER TABLE tb_dept1 CHANGE location loc VARCHAR(50);
Query OK, 0 rows affected (0.01 sec)
Records: 0  Duplicates: 0  Warnings: 0

mysql> DESC tb_dept1;
+--------+-------------+------+-----+---------+-------+
| Field  | Type        | Null | Key | Default | Extra |
+--------+-------------+------+-----+---------+-------+
| id     | int         | NO   | PRI | NULL    |       |
| name   | varchar(50) | YES  |     | NULL    |       |
| loc    | varchar(50) | YES  |     | NULL    |       |
+--------+-------------+------+-----+---------+-------+
3 rows in set (0.00 sec)

mysql>
```

图 7-16　DESC 语句查看 tb_dept1 表结构

使用 DESC 查看表 tb_dept1,会发现字段名称与数据类型均已修改成功,结果如图 7-17 所示。

```
mysql> ALTER TABLE tb_dept1 CHANGE loc location VARCHAR(100);
Query OK, 1 row affected (0.03 sec)
Records: 1  Duplicates: 0  Warnings: 0

mysql> DESC tb_dept1;
+----------+--------------+------+-----+---------+-------+
| Field    | Type         | Null | Key | Default | Extra |
+----------+--------------+------+-----+---------+-------+
| id       | int          | NO   | PRI | NULL    |       |
| name     | varchar(50)  | YES  |     | NULL    |       |
| location | varchar(100) | YES  |     | NULL    |       |
+----------+--------------+------+-----+---------+-------+
3 rows in set (0.00 sec)

mysql>
```

图 7-17　DESC 语句查看 tb_dept1 表结构

CHANGE 也可以只修改数据类型,实现和 MODIFY 同样的效果,方法是将 SQL 语句中的"新字段名"和"旧字段名"设置为相同的名称,只改变"数据类型"。

4. 添加字段

随着业务需求的变化,可能需要在已经存在的表中添加新的字段。一个完整字段包括字段名、数据类型、完整性约束。添加字段的语法格式如下。

```
ALTER TABLE <表名> ADD <新字段名> <数据类型> [约束条件][FIRST|AFTER 已经存在的字段名];
```

其中,"新字段名"为需要添加的字段名称;"FIRST"为可选参数,其作用是将新添加的字段设置为表的第一个字段;"AFTER"为可选参数,其作用是将新添加的字段添加到指定的"已存在字段名"的后面。

➢ 示例 7.14:添加无完整性约束条件的字段。

在数据表 tb_dept1 中添加一个没有完整性约束的 INT 类型的字段 managerId,SQL

语句如下。

```
ALTER TABLE tb_dept1 ADD managerId INT(100);
```

使用 DESC 查看表 tb_dept1,会发现在表的最后添加了一个名为 managerId 的 INT 类型的字段,结果如图 7-18 所示。

```
mysql> ALTER TABLE tb_dept1 ADD managerId INT(100);
Query OK, 0 rows affected, 1 warning (0.01 sec)
Records: 0  Duplicates: 0  Warnings: 1

mysql> DESC tb_dept1;
+-----------+--------------+------+-----+---------+-------+
| Field     | Type         | Null | Key | Default | Extra |
+-----------+--------------+------+-----+---------+-------+
| id        | int          | NO   | PRI | NULL    |       |
| name      | varchar(50)  | YES  |     | NULL    |       |
| location  | varchar(100) | YES  |     | NULL    |       |
| managerId | int          | YES  |     | NULL    |       |
+-----------+--------------+------+-----+---------+-------+
4 rows in set (0.00 sec)

mysql>
```

图 7-18　DESC 语句查看 tb_dept1 表结构

➢ 示例 7.15:添加有完整性约束条件的字段

在数据表 tb_dept1 中添加一个不能为空的 VARCHAR(12)类型的字段 column1,SQL 语句如下。

```
ALTER TABLE tb_dept1 ADD column1 VARCHAR(12) not null;
```

使用 DESC 查看表 tb_dept1,会发现在表的最后添加了一个名为 column1 的 varchar(12)类型且不为空的字段,结果如图 7-19 所示。

```
mysql> ALTER TABLE tb_dept1 ADD column1 VARCHAR(12) not null;
Query OK, 0 rows affected (0.01 sec)
Records: 0  Duplicates: 0  Warnings: 0

mysql> DESC tb_dept1;
+-----------+--------------+------+-----+---------+-------+
| Field     | Type         | Null | Key | Default | Extra |
+-----------+--------------+------+-----+---------+-------+
| id        | int          | NO   | PRI | NULL    |       |
| name      | varchar(50)  | YES  |     | NULL    |       |
| location  | varchar(100) | YES  |     | NULL    |       |
| managerId | int          | YES  |     | NULL    |       |
| column1   | varchar(12)  | NO   |     | NULL    |       |
+-----------+--------------+------+-----+---------+-------+
5 rows in set (0.00 sec)

mysql>
```

图 7-19　DESC 语句查看 tb_dept1 表结构

➢ 示例 7.16：在表的第一列添加一个字段

在数据表 tb_dept1 的第一列添加一个 INT 类型的字段 column2，SQL 语句如下。

```
ALTER TABLE tb_dept1 ADD column2 INT(10) FIRST;
```

使用 DESC 查看表 tb_dept1，会发现在数据表 tb_dept1 的第一列添加一个 INT 类型的字段 column2，结果如图 7-20 所示。

```
mysql> ALTER TABLE tb_dept1 ADD column2 INT(10) FIRST;
Query OK, 0 rows affected, 1 warning (0.01 sec)
Records: 0  Duplicates: 0  Warnings: 1

mysql> DESC tb_dept1;
+-----------+--------------+------+-----+---------+-------+
| Field     | Type         | Null | Key | Default | Extra |
+-----------+--------------+------+-----+---------+-------+
| column2   | int          | YES  |     | NULL    |       |
| id        | int          | NO   | PRI | NULL    |       |
| name      | varchar(50)  | YES  |     | NULL    |       |
| location  | varchar(100) | YES  |     | NULL    |       |
| managerId | int          | YES  |     | NULL    |       |
| column1   | varchar(12)  | NO   |     | NULL    |       |
+-----------+--------------+------+-----+---------+-------+
6 rows in set (0.00 sec)

mysql>
```

图 7-20　DESC 语句查看 tb_dept1 表结构

➢ 示例 7.17：在表的指定列之后添加一个字段

在数据表 tb_dept1 中 name 列后添加一个 INT 类型的字段 column3，SQL 语句如下

```
ALTER TABLE tb_dept1 ADD column3 INT(10) AFTER name;
```

使用 DESC 查看表 tb_dept1，结果如图 7-21 所示。

```
mysql> ALTER TABLE tb_dept1 ADD column3 INT(10) AFTER name;
Query OK, 0 rows affected, 1 warning (0.01 sec)
Records: 0  Duplicates: 0  Warnings: 1

mysql> DESC tb_dept1;
+-----------+--------------+------+-----+---------+-------+
| Field     | Type         | Null | Key | Default | Extra |
+-----------+--------------+------+-----+---------+-------+
| column2   | int          | YES  |     | NULL    |       |
| id        | int          | NO   | PRI | NULL    |       |
| name      | varchar(50)  | YES  |     | NULL    |       |
| column3   | int          | YES  |     | NULL    |       |
| location  | varchar(100) | YES  |     | NULL    |       |
| managerId | int          | YES  |     | NULL    |       |
| column1   | varchar(12)  | NO   |     | NULL    |       |
+-----------+--------------+------+-----+---------+-------+
7 rows in set (0.00 sec)

mysql>
```

图 7-21　DESC 语句查看 tb_dept1 表结构

可以看到,tb_dept1 表中增加了一个名称为 column3 的字段,其位置在指定的 name 字段后面,添加字段成功。

5. 删除字段

删除字段是将数据表中的某一个字段从表中移除,语法格式如下。

```
ALTER TABLE <表名> DROP <字段名>;
```

其中,"字段名"指需要从表中删除的字段的名称。

➢ 示例 7.18:删除数据表 tb_dept1 表中的 column2 字段。

首先,在删除字段之前,使用 DESC 查看 tb_dept1 表结构,结果如图 7-22 所示。

```
mysql> DESC tb_dept1;
+-----------+--------------+------+-----+---------+-------+
| Field     | Type         | Null | Key | Default | Extra |
+-----------+--------------+------+-----+---------+-------+
| column2   | int          | YES  |     | NULL    |       |
| id        | int          | NO   | PRI | NULL    |       |
| name      | varchar(50)  | YES  |     | NULL    |       |
| column3   | int          | YES  |     | NULL    |       |
| location  | varchar(100) | YES  |     | NULL    |       |
| managerId | int          | YES  |     | NULL    |       |
| column1   | varchar(12)  | NO   |     | NULL    |       |
+-----------+--------------+------+-----+---------+-------+
7 rows in set (0.00 sec)

mysql>
```

图 7-22　DESC 语句查看 tb_dept1 表结构

删除 column2 字段,SQL 语句如下。

```
ALTER TABLE tb_dept1 DROP column2;
```

再次使用 DESC 查看表 tb_dept1,结果如图 7-23 所示。

```
mysql> ALTER TABLE tb_dept1 DROP column2;
Query OK, 0 rows affected (0.01 sec)
Records: 0  Duplicates: 0  Warnings: 0

mysql> DESC tb_dept1;
+-----------+--------------+------+-----+---------+-------+
| Field     | Type         | Null | Key | Default | Extra |
+-----------+--------------+------+-----+---------+-------+
| id        | int          | NO   | PRI | NULL    |       |
| name      | varchar(50)  | YES  |     | NULL    |       |
| column3   | int          | YES  |     | NULL    |       |
| location  | varchar(100) | YES  |     | NULL    |       |
| managerId | int          | YES  |     | NULL    |       |
| column1   | varchar(12)  | NO   |     | NULL    |       |
+-----------+--------------+------+-----+---------+-------+
6 rows in set (0.00 sec)

mysql>
```

图 7-23　DESC 语句查看 tb_dept1 表结构

可以看到,tb_dept1 表中已经不存在名称为 column2 的字段,删除字段成功。

6. 修改字段排序

对于一个数据表来说,在创建的时候,字段在表中的排列顺序就已经确定了。但表的结构并不是完全不可以改变的,可以通过 ALTER TABLE 来改变表中字段的相对位置。其语法格式如下。

```
ALTER TABLE <表名> MODIFY <字段 1> <数据类型> FIRST AFTER <字段二>;
```

其中,"字段 1"指要修改位置的字段;"数据类型"指"字段 1"的数据类型;"FIRST"为可选参数,指将"字段 1"修改为表的第一个字段;"AFTER"指将"字段 1"插入到"字段 2"后面。

➤ 示例 7.19:修改字段为表的第一个字段

将数据表 tb_dept1 中的 column1 字段修改为表的第一个字段,SQL 语句如下。

```
ALTER TABLE tb_dept1 MODIFY column1 VARCHAR(12) FIRST;
```

使用 DESC 查看表 tb_dept1,发现字段 column1 已经被移至表的第一列,结果如图 7-24 所示。

```
mysql> ALTER TABLE tb_dept1 MODIFY column1 VARCHAR(12) FIRST;
Query OK, 0 rows affected (0.05 sec)
Records: 0  Duplicates: 0  Warnings: 0

mysql> DESC tb_dept1;
+-----------+--------------+------+-----+---------+-------+
| Field     | Type         | Null | Key | Default | Extra |
+-----------+--------------+------+-----+---------+-------+
| column1   | varchar(12)  | YES  |     | NULL    |       |
| id        | int          | NO   | PRI | NULL    |       |
| name      | varchar(50)  | YES  |     | NULL    |       |
| column3   | int          | YES  |     | NULL    |       |
| location  | varchar(100) | YES  |     | NULL    |       |
| managerId | int          | YES  |     | NULL    |       |
+-----------+--------------+------+-----+---------+-------+
6 rows in set (0.00 sec)

mysql>
```

图 7-24　DESC 语句查看 tb_dept1 表结构

➤ 示例 7.20:修改字段到列表的指定列之后

将数据表 tb_dept1 中的 column1 字段插入到 location 字段后面,SQL 语句如下。

```
ALTER TABLE tb_dept1 MODIFY column1 VARCHAR(12) AFTER location;
```

使用 DESC 查看表 tb_dept1,发现字段 column1 已经被移至 location 字段后面,结果如图 7-25 所示。

```
mysql> ALTER TABLE tb_dept1 MODIFY column1 VARCHAR(12) AFTER location;
Query OK, 0 rows affected (0.04 sec)
Records: 0  Duplicates: 0  Warnings: 0

mysql> DESC tb_dept1;
+------------+--------------+------+-----+---------+-------+
| Field      | Type         | Null | Key | Default | Extra |
+------------+--------------+------+-----+---------+-------+
| id         | int          | NO   | PRI | NULL    |       |
| name       | varchar(50)  | YES  |     | NULL    |       |
| column3    | int          | YES  |     | NULL    |       |
| location   | varchar(100) | YES  |     | NULL    |       |
| column1    | varchar(12)  | YES  |     | NULL    |       |
| managerId  | int          | YES  |     | NULL    |       |
+------------+--------------+------+-----+---------+-------+
6 rows in set (0.00 sec)

mysql>
```

图 7-25　DESC 语句查看 tb_dept1 表结构

7. 更改表的存储引擎

存储引擎是 MySQL 中的数据存储在文件或内存中时采用的不同技术实现。可以根据自己的需要,选择不同的引擎,甚至可以为每一张表选择不同的存储引擎。MySQL 中主要存储引擎有:MyISAM、InnoDB、MEMORY(HEAP)、BDB、FEDERATED 等。可以使用 SHOW ENGINES;语句查看系统支持的存储引擎。

更改表的存储引擎的语法格式如下

```
ALTER TABLE<表名> ENGINE=<更改后的存储引擎名>;
```

➤ 示例 7.21:将数据表 tb_employee3 的存储引擎修改为 MyISAM

在修改存储引擎之前,首先使用 SHOW CREATE TABLES 查看表 tb_employee3 当前的存储引擎,结果如图 7-26 所示。

```
mysql> SHOW CREATE TABLE tb_employee3\G;
*************************** 1. row ***************************
       Table: tb_employee3
Create Table: CREATE TABLE `tb_employee3` (
  `id` int NOT NULL,
  `name` varchar(25) DEFAULT NULL,
  `deptId` int DEFAULT NULL,
  `salary` float DEFAULT NULL,
  PRIMARY KEY (`id`)
) ENGINE=InnoDB DEFAULT CHARSET=utf8mb4 COLLATE=utf8mb4_0900_ai_ci
1 row in set (0.00 sec)
```

图 7-26　查看表 tb_employee3 当前的存储引擎

可以看到,表 tb_dept1 当前的存储引擎为 ENGINE=InnoDB,接下来修改存储引擎类型,SQL 语句如下。

```
ALTER TABLE tb_dept1 ENGINE = MyISAM;
```

使用 SHOW CREATE TABLES 再次查看表 tb_employee3 的存储引擎,发现表 tb_employee3 的存储引擎已变为"MyISAM",结果如图 7-27 所示。

```
mysql> ALTER TABLE tb_employee3 ENGINE=MyISAM;
Query OK, 1 row affected (0.02 sec)
Records: 1  Duplicates: 0  Warnings: 0

mysql> SHOW CREATE TABLE tb_employee3\G;
*************************** 1. row ***************************
       Table: tb_employee3
Create Table: CREATE TABLE `tb_employee3` (
  `id` int NOT NULL,
  `name` varchar(25) DEFAULT NULL,
  `deptId` int DEFAULT NULL,
  `salary` float DEFAULT NULL,
  PRIMARY KEY (`id`)
) ENGINE=MyISAM DEFAULT CHARSET=utf8mb4 COLLATE=utf8mb4_0900_ai_ci
1 row in set (0.00 sec)
```

图 7-27　查看表 tb_employee3 当前的存储引擎

8. 删除表的外键约束

对于数据库中定义的外键,如果不再需要,可以将其删除。外键一旦删除,就会解除主表和从表间的关联关系,MySQL 中删除外键的语法格式如下。

```
ALTER TABLE <表名> DROP FOREIGN KEY <外键约束名>;
```

其中,"外键约束名"指在定义表时 CONSTRAINT 关键字后面的参数。

➢ 示例 7.22:删除数据表 tb_employee5 中的外键约束

使用 SHOW CREATE TABLE 查看表 tb_employee5 的结构,结果如图 7-28 所示。

```
mysql> SHOW CREATE TABLE tb_employee5\G
*************************** 1. row ***************************
       Table: tb_employee5
Create Table: CREATE TABLE `tb_employee5` (
  `id` int NOT NULL,
  `name` varchar(25) DEFAULT NULL,
  `deptId` int DEFAULT NULL,
  `salary` float DEFAULT NULL,
  PRIMARY KEY (`id`),
  KEY `fk_emp_dept1` (`deptId`),
  CONSTRAINT `fk_emp_dept1` FOREIGN KEY (`deptId`) REFERENCES `tb_dept1` (`id`)
) ENGINE=InnoDB DEFAULT CHARSET=utf8mb4 COLLATE=utf8mb4_0900_ai_ci
1 row in set (0.00 sec)
```

图 7-28　查看表 tb_employee5 的结构

可以看到,已经成功添加了表的外键,下面删除外键约束,SQL 语句如下。

```
ALTER TABLE tb_employee5 DROP FOREIGN KEY fk_emp_dept1;
```

执行完毕之后,将删除表 tb_employee5 的外键约束,使用 SHOW CREATE TABLE 再次查看表 tb_employee5 的结构,结果如图 7-29 所示。

```
mysql> ALTER TABLE tb_employee5 DROP FOREIGN KEY fk_emp_dept1;
Query OK, 0 rows affected (0.02 sec)
Records: 0  Duplicates: 0  Warnings: 0

mysql> SHOW CREATE TABLE tb_employee5\G
*************************** 1. row ***************************
       Table: tb_employee5
Create Table: CREATE TABLE `tb_employee5` (
  `id` int NOT NULL,
  `name` varchar(25) DEFAULT NULL,
  `deptId` int DEFAULT NULL,
  `salary` float DEFAULT NULL,
  PRIMARY KEY (`id`),
  KEY `fk_emp_dept1` (`deptId`)
) ENGINE=InnoDB DEFAULT CHARSET=utf8mb4 COLLATE=utf8mb4_0900_ai_ci
1 row in set (0.00 sec)
```

图 7-29　查看表 tb_employee5 的结构

可以看到,tb_employee9 中已经不存在 FOREIGN KEY,原有的名称为 fk_emp_dept1 的外键约束删除成功。

7.4.4　删除数据表

删除数据表就是将数据库中已经存在的表从数据库中删除。注意,在删除表的同时,表的定义和表中所有的数据均会被删除。因此,在进行删除操作前,最好对表中的数据做个备份,以免造成无法挽回的后果。本节将详细讲解数据库中数据表的删除方法。

1. 删除没有被关联的表

在 MySQL 中,使用 DROP TABLE 可以一次删除一个或多个没有被其他表关联的数据表,语法格式如下。

```
DROP TABLE [IF EXISTS]表 1 表 2…表 n;
```

其中,"表 n"指要删除的表的名称,后面可以同时删除多个表,只需将删除的表名一起写在后面,相互之间用逗号隔开。如果要删除的数据表不存在,则 MySQL 会提示一条错误信息,"ERROR 1051(42S02):Unknown table '表名'"。参数"IF EXISTS"用于在删除前判断删除的表是否存在,加上该参数后,再删除表的时候,如果表不存在,SQL 语句可以顺利执行,但是会发出警告(Warning)。

➢ 示例 7.23：删除数据表 tb_employee3

在删除前使用 SHOW TABLES 命令查看当前数据库中所有的数据表，如图 7-30 所示。

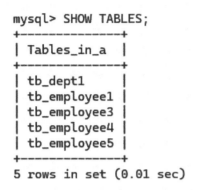

```
mysql> SHOW TABLES;
+-------------+
| Tables_in_a |
+-------------+
| tb_dept1    |
| tb_employee1 |
| tb_employee3 |
| tb_employee4 |
| tb_employee5 |
+-------------+
5 rows in set (0.01 sec)
```

图 7-30　查看当前数据库中所有的数据表

删除表 tb_employee3，SQL 语句如下：

```
DROP TABLE tb_employee3;
```

语句执行完毕后，使用 SHOW TABLES 命令查看当前数据库中所有的数据表，结果如图 7-31 所示。

```
mysql> DROP TABLE tb_employee3;
Query OK, 0 rows affected (0.01 sec)

mysql> SHOW TABLES;
+-------------+
| Tables_in_a |
+-------------+
| tb_dept1    |
| tb_employee1 |
| tb_employee4 |
| tb_employee5 |
+-------------+
4 rows in set (0.00 sec)

mysql>
```

图 7-31　查看当前数据库中所有的数据表

执行结果可以看到，数据列表中已经不存在名称为 tb_employee3 的数据表，删除操作成功。

2. 删除被其他表关联的主表

在数据表之间存在外键关联的情况下，如果直接删除父表，结果会显示失败。原因是直接删除，将破坏表的参照完整性。如果必须要删除，可以先删除与它关联的子表，再删除父表,只是这样同时删除了两个表中的数据。但有的情况下可能要保留子表,这时如要单独删除父表,只需将关联的表的外键约束条件取消,然后就可以删除父表。

在数据库中创建两个关联表,首先,创建表 tb_dept2,SQL 语句如下。

```
CREATE TABLE tb_dept2
(
id INT(10)PRIMARY KEY,
name VARCHAR(20),
dress VARCHAR(50)
);
```

接下来创建表 tb_emp,SQL 语句如下。

```
CREATE TABLE tb_emp
(
id INT(11)PRIMARY KEY,
name VARCHAR(25),
deptId INT(11),
salary FLOAT,
CONSTRAINT fk_emp_dept FOREIGN KEY (deptId) REFERENCES tb_dept2(id)
);
```

使用 SHOW CREATE TABLE 命令查看表 tb_emp 的外键约束,结果如图 7-32 所示。

```
mysql> CREATE TABLE tb_dept2(
    -> id INT(10)PRIMARY KEY,
    -> name VARCHAR(20),
    -> dress VARCHAR(50)
    -> );
Query OK, 0 rows affected, 1 warning (0.01 sec)

mysql> CREATE TABLE tb_emp
    -> (
    -> id INT(11)PRIMARY KEY,
    -> name VARCHAR(25),
    -> deptId INT(11),
    -> salary FLOAT,
    -> CONSTRAINT fk_emp_dept FOREIGN KEY (deptId) REFERENCES tb_dept2(id)
    -> );
Query OK, 0 rows affected, 2 warnings (0.03 sec)

mysql> SHOW CREATE TABLE tb_emp\G;
*************************** 1. row ***************************
       Table: tb_emp
Create Table: CREATE TABLE `tb_emp` (
  `id` int NOT NULL,
  `name` varchar(25) DEFAULT NULL,
  `deptId` int DEFAULT NULL,
  `salary` float DEFAULT NULL,
  PRIMARY KEY (`id`),
  KEY `fk_emp_dept` (`deptId`),
  CONSTRAINT `fk_emp_dept` FOREIGN KEY (`deptId`) REFERENCES `tb_dept2` (`id`)
) ENGINE=InnoDB DEFAULT CHARSET=utf8mb4 COLLATE=utf8mb4_0900_ai_ci
1 row in set (0.00 sec)
```

图 7-32　查看当前数据库中所有的数据表

可以看到,以上执行结果创建了两个关联表 tb_dept2 和表 tb_emp。其中,tb_emp 表为子表,具有名为 fk_emp_dept 的外键约束;tb_dept2 为父表,其主键 id 被子表 tb_emp 所关联。

> 示例 7.24:删除被数据表 tb_dept2

首先解除关联子表 tb_emp 的外键约束,SQL 语句如下。

```
ALTER TABLE tb_emp DROP FOREIGN KEY fk_emp_dept;
```

语句成功执行后,将取消表 tb_emp 和 tb_dept2 之间的关联关系,此时,可以输入删除语句,将原来的父表 tb_dept2 删除,SQL 语句如下。

```
DROP TABLE tb_dept2;
```

最后通过"SHOW TABLES;"查看数据表列表,结果如图 7-33 所示。

```
mysql> ALTER TABLE tb_emp DROP FOREIGN KEY fk_emp_dept;
Query OK, 0 rows affected (0.01 sec)
Records: 0  Duplicates: 0  Warnings: 0

mysql> DROP TABLE tb_dept2;
Query OK, 0 rows affected (0.01 sec)

mysql> SHOW TABLES;
+---------------+
| Tables_in_a   |
+---------------+
| tb_dept1      |
| tb_emp        |
| tb_employee1  |
| tb_employee4  |
| tb_employee5  |
+---------------+
5 rows in set (0.00 sec)

mysql>
```

图 7-33　查看当前数据库中所有的数据表

可以看到,数据表列表中已经不存在名为 tb_dept2 的表,删除成功。

7.5　Linux 系统 C/C++与 MySQL 数据库的连接

在学习 MySQL 数据库的过程当中,必须学习的是在 Linux 下使用 C++连接 MySQL,下面将从安装、连接和测试等方面进行介绍。

7.5.1 库的安装

1. Linux 系统中 MySQL 数据库的安装

MySQL 数据库的详细安装与配置已在章节 7.2 介绍,如未安装请参考章节 7.2。

2. C/C++开发库的安装

安装 C/C++开发库的命令如下:

```
管理员模式下:
apt install libmysqlclient-dev
```

3. Boost 库的安装

Boost 库是一个可移植、提供源代码的 C++库,作为标准库的后备,是 C++标准化进程的开发引擎之一,是为 C++语言标准库提供扩展的一些 C++程序库的总称。为了节省时间,选用的是二进制包来安装,需要的话也可以选择源码编译,命令为 yum install boost-devel。安装完成之后,头文件存在于/usr/include/boost,动态库文件存在与/usr/lib64/下。

7.5.2 C/C++连接 MySQL 数据库

1. 连接数据库使用的头文件和库文件

连接数据库时首先要调用 mysql 相关的头文件和库文件,详细代码如下。

```
#include <mysql/mysql.h>
#include <mysql.h>
```

程序中使用了访问 mysql 的有关函数接口,需要在链接时指定库名:Linux 平台为-lmysqlclient。

2. 初始化连接句柄

初始化连接句柄,详细代码如下。

```
MYSQL * mysql_init(MYSQL * mysql);
```

该方法用来初始化一个连接句柄,如果参数为空,则返回一个指向新分配的连接句柄的指针。如果传递一个已有的结构,它将被重新初始化。出错时返回为 NULL。

3．连接数据库

mysql_real_connect()函数是 MySQL C API 中用于建立与 MySQL 数据库的实际连接的函数。详细代码如下。

```
MYSQL * mysql_real_connect(MYSQL * mysql, const char * host,
const char * user, const char * passwd,
const char * db, unsigned int port,
const char * unix_socket,
unsigned long clientflag);
```

其中 mysql 是上一步 mysql_init 方法初始化后返回的指针，host 是主机名，或者连接的服务器 IP 地址，本地可以使用"localhost"，或"127.0.0.1"或""，或 NULL，user 是用户名，数据库中添加的用户，管理员是"root"，passwd 是用户的密码，db 是数据库的名字，port 是数据库的端口 3306，也可直接写 0，意味着使用 mysql 默认端口，unix_socket 一般为 NULL，表示不使用 unix 套接字或者管道 clientflag 标志位，一般给 0 返回值，失败为 NULL，成功与第一个参数值相同。

4．关闭数据库

在不使用时，可以用 mysql_close()方法关闭连接。

```
void mysql_close(MYSQL * mysql);
```

7.5.3　C/C++操作 MySQL

1．C++查询数据

使用 mysql_query()函数查询数据，如果查询成功，mysql_query()函数会返回 0；否则，返回非零值表示发生错误。

```
mysql_query(con,"select * from users");
```

其中，参数 con 表示一个结构体指针，用于表示连接到 MySQL 服务器的连接对象。参数"select * from users"表示从名为 users 的表中检索所有列的数据。

2．C++插入数据

在 users 表中插入一条新的记录，详细代码如下。

```
mysql_query(con , "INSERT INTO 'users'('use','pwd') VALUES ('add' , 'bbb');");
```

其中，参数 con 表示一个结构体指针，用于表示连接到 MySQL 服务器的连接对象。

参数"INSERT INTO 'users'('use','pwd') VALUES('add','bbb');"表示在名为 users 的表中插入一条新的记录,这条记录的 use 列的值为'add',pwd 列的值为'bbb'。

3. C++删除数据

在 mytest 表中删除 id 列等于 30 的记录,详细代码如下。

```
mysql_query(con , "delete from mytest where id = 30");
```

其中,参数 con 表示一个结构体指针,用于表示连接到 MySQL 服务器的连接对象。参数"delete from mytest where id=30"在 mytest 表中删除 id 列等于 30 的记录。

4. C++更新数据

在 mytest 表中 name 列为'李四'的记录的 id 列更新为 30,详细代码如下。

```
mysql_query(con , "update mytest set id = 30 where name = '李四'");
```

其中,参数 con 表示一个结构体指针,用于表示连接到 MySQL 服务器的连接对象。参数"update mytest set id=30 where name='李四'"在 mytest 表中 name 列为'李四'的记录的 id 列更新为 30。

第8章
网关的网页端设计

基于网关系统的设计,我们设计一个网页端以便于远程对网关进行信息配置、协议转化和数据监管。综合网页端的设计语言,我们采用 HTML5＋CSS 来设计网页,本章将从 HTML5、CSS 和边缘计算网关软件三方面介绍。

8.1 HTML5 介绍

HTML5 是 HTML(Hypertext Markup Language)的第五个主要版本,是一种用于构建网页和网页应用程序的标记语言。HTML5 引入了许多新特性和改进,旨在提供更强大、更丰富、更灵活的网页开发工具和技术。下面主要从语义元素、多媒体以及 Web Storage 三方面介绍 HTML5。

8.1.1 HTML5 语义元素

语义元素(Semantic Elements)是 HTML5 引入的一类标签,它们的名称和用途直观清晰,用于描述网页的内容结构,使得网页更具有语义化,有助于理解和解释网页的内容。语义元素能够提高网页的可读性、可访问性和搜索引擎优化(SEO),使得开发者能够更清晰地描述网页的结构和内容,同时也为浏览器、搜索引擎和辅助技术提供了更多信息,有助于更好地理解和解释网页内容。

下面列出了以字母顺序排列的 HTML5 新语义元素,如表 8-1 所示。

表 8-1　HTML5 语义元素详细介绍

标签	描述
＜article＞	定义文章
＜aside＞	定义页面内容以外的内容
＜details＞	定义用户能够查看或隐藏的额外细节

标签	描述
< figcaption >	定义< figure >元素的标题
< figure >	规定自包含内容,比如图示、图表、照片、代码清单等
< footer >	定义文档或节的页脚
< header >	规定文档或节的页眉
< main >	规定文档的主内容
< mark >	定义重要的或强调的文本
< nav >	定义导航链接
< section >	定义文档中的节
< summary >	定义< details >元素的可见标题
< time >	定义日期/时间

8.1.2 HTML5 多媒体

多媒体支持指的是 HTML5 为网页开发者提供的一系列标准化的标签和 API,使得在网页中嵌入和操作多媒体内容变得更加简单和灵活。这些多媒体内容可以包括音频、视频、以及通过 Canvas API 绘制的图形等。

1. 网页音频标签 audio

audio 主要是定义播放声音文件或者音频流的标准。支持 3 种音频格式,分别为 Ogg、MP3 和 Wav。在 html5 中播放音频,其格式如下:

```
< audio src = "song.mp3" controls = "controls"></audio>
```

参数 src 表示规定要播放的音频地址,controls 表示添加播放、暂停和音量的控件。audio 标签的属性如表 8-2 所示。

表 8-2　audio 标签的属性表

属性	值	描述
autoplay	autoplay(自动播放)	音频在就绪后马上播放
autoplay	controls(控制)	向用户显示控制,如播放、暂停和音量等控件
autoplay	loop(循环)	每当音频播放结束时重新开始播放
autoplay	preload(循环)	音频在页面加载时进行加载,并预备播放。若使用 "autoplay",则忽略该属性
autoplay	url(地址)	要播放的音频的 URL 地址
autobuffer	autobuffer(自动缓冲)	在网页显示时,该二进制属性表示由浏览器自动缓冲的内容,还是由用户使用相关 API 进行内容缓冲

此外,audio 标签还可以通过 source 属性添加多个音频文件,具体格式如下:

```
< audio controls = "controls">
< source src = "123.ogg" type = "audio/ogg">
< source src = "123.mp3" type = "audio/mpeg">
</audio >
```

2. 网页视频标签 video

video 标签主要定义播放视频文件或者视频流的标准,支持 Ogg、WebM 和 MPEG4 三种格式。其使用基本格式与 audio 类似。audio 标签的属性表如表 8-3 所示。

表 8-3 vidio 标签的属性表

属性	值	描述
autoplay	autoplay(自动播放)	视频在就绪后马上播放
controls	controls(控制)	向用户显示控制,如播放、暂停和音量等控件
controls	loop(循环)	每当视频播放结束时重新开始播放
controls	preload(循环)	视频在页面加载时进行加载,并预备播放。若使用"autoplay",则忽略该属性
controls	url(地址)	要播放的音频的 URL 地址
width	宽度指	视频播放器的宽度
height	高度值	视频播放器的高度
poster	url	当视频未响应或者缓冲不足时,该值属性链接到一个图像。该图像以一定的比例显示出来

根据以上属性表,可以看出可以自定义视频文件显示的大小,例如让视频以 320 像素×240 像素大小显示,加入 height 和 width 属性,其具体格式如下:

```
< video width = "320" height = "240" controls src = "123.mp4"></video>
```

此外,video 标签还可以通过 source 属性添加多个视频文件,其格式如下:

```
< video controls = "controls">
< source src = "123.ogg" type = "video/ogg">
< source sec = "123.mp4" type = "video/mp4">
</video >
```

8.1.3 HTML5 Web Storage

Web Storage 是 HTML5 引入的一种在客户端(用户的浏览器)本地存储数据的机制。它允许网页应用程序在客户端存储数据,而无需将数据发送到服务器。本地存储在用户的浏览器中永久性地存储数据,即使用户关闭浏览器或重新启动计算机,数据也会保留下来。

Web Storage 包括会话存储(sessionStorage)和本地存储(localStorage),与 cookie 不同的是,cookie 和 session 完全是服务器端可以操作的数据,但是 sessionStorage 和 localStorage 则完全是浏览器客户端操作的数据。sessionStorage 和 localStorage 完全继承同一个 Storage API,所以 sessionStorage 和 localStorage 的编程接口是一样的。sessionStorage 和 localStorage 的主要区别在于数据存在的时间范围和页面范围。

1. Storage API 的方法描述

下面介绍 Storage API 的常用方法,如表 8-4 所示。

表 8-4　Storage API 的方法描述表

方法	说明
length()	表示当前 Storage 对象中存储的键/值对的数量。Storage 对象是同源的,length 属性只能反映同源的键/值对数量
key(index)	获取指定位置的键。一般用于遍历某个 Storage 对象中所有的键,然后在通过键来取对应的值
getItem(key)	根据键返回相应的数据。如果对应的键值已经存在,则更新它
setItem(key,value)	将数据存入指定键对应的位置。如果对应的键已经存在,则更新它
removeItem(key)	从存储对象中移除指定的键/值对。如果存在,移除它,否则不执行任何操作
clear()	清空 Storage 对象中所有数据。如果对象为空,不执行任何操作

在使用 sessionStorage 和 localStorage 时,以上的属性和方法都可以使用,但需要注意其影响的范围。下面将举例介绍上述部分方法。

➤ 示例 8.1:保存数据到 sessionStorage,调用 setItem()即可,基本语法如下。

```
window.sessionStorage.setItem("key","value");
```

参数 Key 为键,value 为值,setItem()表示保存数据的方法。

➤ 示例 8.2:从 sessionStorage 中获取数据,调用 getItem()方法即可,基本语法如下。

```
value = window.sessionStorage.getItem("key");
```

如果知道保存到 sessionStorage 中的 key,就可以得到对应的值。

2. 存储 JSON 对象的数据

1) 序列化 JSON 格式的数据

由于 Storage 是以字符串保存数据的,因此在保存 JSON 格式的数据之前,需要把 JSON 格式的数据转换为字符串,称为序列化。可以使用 JSON. stringify()序列化 JSON 格式的数据为字符串数据。使用方法如下:

```
var stringData = JSON.stringify(jsonObject);
```

以上代码把 JSON 格式的数据对象 jsonObject 序列化为字符串数据 stringData。

2）把数据发序列化为 JSON 格式

如果把存储在 Storage 中的数据以 JSON 格式对象的方式去访问，需要把字符串数据转换为 JSON 格式的数据，成为反序列化。可以使用 JSON.parse() 反序列化字符串数据为 JSON 格式的数据。使用方法如下：

```
var jsonObject = JSON.parse(stringData);
```

以上代码把字符串数据 stringData 反序列化为 JSON 格式的数据对象 jsonObject。

3. Storage API 的事件

存在多个网页或标签页同时访问存储数据的情况时，为保证修改的数据能够及时反馈到另一个页面，HTML5 的 Web Storage 内建立一套事件通知机制，会在数据更新时触发。无论监听的窗口是否存储过数据，只要与执行存储的窗口是同源的，都会触发 Web Storage 事件。

添加监听事件后，即可接收同源窗口的 Storage 事件，详细代码如下：

```
window.addEventListener("storage",EventHandle,true);
```

Storage 是添加的监听事件，只要是同源的 Storage 事件发生，都能够因数据更新而出发事件。Storage 事件的接口如下：

```
interface StorageEvent : Event {
    readonly attribute DOMString key;
    readonly attribute DOMString ? oldValue;
    readonly attribute DOMString ? newValue;
    readonly attribute DOMString url;
    readonly attribute Storage ? storageArea;
};
```

StorageEvent 对象在事件触发时，会传递给事件处理程序，它包含了存储变化有关的所有必要的信息。Storage 事件的相关属性如表 8-5 所示。

表 8-5　Storage 事件的属性表

属性	说明
key	包含了存储中被更新或删除的键
oldValue	包含了更新前键对应的数据。如果是新添加的数据，则 oldValue 属性为 null
newValue	包含了更新后的数据。如果是被删除的数据，则 newValue 属性为 null
url	指向 Storage 事件的发生源
storageArea	指向值发生变化的 localstorage 或 sessionStorage。这样，处理程序可以方便地查询到 Storage 中的当前值，或者基于其他的 Storage 执行其他操作

8.2 CSS 介绍

CSS(Cascading Style Sheets)是一种用于控制网页样式和布局的样式表语言。它与HTML 结合使用,为网页添加样式和美化效果,使得网页具有更好的视觉呈现和用户体验。下面主要从 CSS 语法、CSS 盒子模型和 CSS 布局三方面介绍。

8.2.1 CSS 语法

CSS 语法简单直观,通过选择器和样式规则实现对 HTML 元素的样式控制。选择器指定了要应用样式的元素,而样式规则定义了这些元素的外观、布局和行为。CSS 的语法包括选择器与样式规则的组合,以及属性-值对的声明方式。

1. CSS 规则集(rule-set)

CSS 规则集是指 CSS 中的一个完整的样式规则,它用于描述要应用于特定 HTML元素的样式,通常由选择器和声明块组成,如图 8-1 所示。

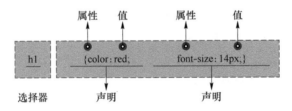

图 8-1 CSS 规则集组成

选择器指向您需要设置样式的 HTML 元素。声明块包含一条或多条用分号分隔的声明。

每条声明都包含一个 CSS 属性名称和一个值,以冒号分隔。多条 CSS 声明用分号分隔,声明块用花括号括起来。

2. 选择器(Selector)

选择器用于指定要应用样式的 HTML 元素。它可以是元素选择器、类选择器、ID选择器、属性选择器、伪类选择器等,甚至是复合选择器,以便更准确地匹配目标元素。选择器告诉浏览器哪些 HTML 元素应该应用相应的样式。

1) CSS id 选择器

id 选择器使用 HTML 元素的 id 属性来选择特定元素。元素的 id 在页面中是唯一的,因此 id 选择器用于选择一个唯一的元素。要选择具有特定 id 的元素,请写一个井号(#),后跟该元素的 id。

➢ 示例 8.3：CSS 规则将应用于 id="para1"的 HTML 元素，详细语句如下。

```
#para1 {
    text-align: center;
    color: red;}
```

2）CSS 类选择器

类选择器选择有特定 class 属性的 HTML 元素。如需选择拥有特定 class 的元素，请写一个句点(.)字符，后面跟类名。

➢ 示例 8.4：所有带有 class="center"的 HTML 元素将为红色且居中对齐。详细语句如下。

```
.center {
    text-align: center;
    color: red;
}
```

3）CSS 通用选择器

通用选择器(*)选择页面上的所有的 HTML 元素。

➢ 示例 8.5：CSS 规则会影响页面上的每个 HTML 元素。

```
* {
    text-align: center;
    color: blue;
}
```

4）CSS 分组选择器

分组选择器选取所有具有相同样式定义的 HTML 元素。

➢ 示例 8.6：h1、h2 和 p 元素具有相同的样式定义。

```
h1{
    text-align: center;
    color: red;
}


h2{
    text-align: center;
    color: red;
}


p{
    text-align: center;
    color: red;
}
```

最好对选择器进行分组,以最大程度地缩减代码。如需对选择器进行分组,请用逗号来分隔每个选择器。

3. 声明块(Declaration Block)

声明块包含在选中元素上要应用的样式规则,以及它们的属性和值。声明块由一对大括号{}包裹,其中包含一个或多个属性-值对,每个属性-值对之间用分号;分隔。

➢ 示例 8.7:

```
selector {
    property1: value1;
    property2: value2;
    /* more properties */
}
```

在示例中,selector 是选择器,用于指定要应用样式的 HTML 元素;而在大括号内的部分就是声明块,包含了要应用于这些元素的样式属性和值。

8.2.2 CSS 盒子模型(Box Model)

CSS 盒子模型是用来描述 HTML 元素在页面上所占空间的模型。它定义了一个元素所包含的内容区域(content)、内边距(padding)、边框(border)和外边距(margin)之间的关系。所有 HTML 元素可以看作盒子,在 CSS 中,"box model"这一术语是用来设计和布局时使用。盒模型允许我们在其他元素和周围元素边框之间的空间放置元素。盒子模型如图 8-2 所示。

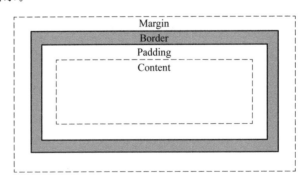

图 8-2 盒子模型

其中,Margin(外边距)是清除边框外的区域,外边距是透明的。Border(边框)是围绕在内边距和内容外的边框。Padding(内边距)是清除内容周围的区域,内边距是透明的。Content(内容)是盒子的内容,显示文本和图像。

➢ 示例 8.8:设置元素的总宽度为 450px。

```
div{
    width：300px；
    border：25px solid green；
    padding：25px；
    margin：25px；
}
```

当指定一个 CSS 元素的宽度和高度属性时，只是设置内容区域的宽度和高度，完整大小的元素，还必须添加内边距，边框和外边距。

最终元素的总宽度计算公式是这样的：总元素的宽度＝宽度＋左填充＋右填充＋左边框＋右边框＋左边距＋右边距。

8.2.3　CSS 布局

CSS 布局是指通过 CSS 样式规则来定义网页中元素的位置、大小和排列方式，以及它们在页面中的布局结构。CSS 布局是网页设计的重要组成部分，可以决定页面的整体外观和用户体验，下面主要介绍 CSS Float 和 Position 属性。

1. CSS Float(浮动)和清除

浮动(float)是一种布局技术，它允许元素在其容器中向左或向右移动，直到其边缘碰到容器边缘或另一个浮动元素。浮动元素会脱离正常的文档流，并且其周围的内容会环绕在它周围。浮动往往是用于图像，但它在布局时一样非常有用。为了防止浮动元素对后续元素布局的影响，需要使用清除浮动技术，如清除浮动的伪元素或使用清除浮动的 CSS 属性。

要将元素设置为浮动，可以使用 CSS 中的 float 属性。详细代码如下：

```
.float-left {
    float：left；
}
.float-right {
    float：right；
}
```

.float-left 类会使元素向左浮动，而 .float-right 类会使元素向右浮动。元素浮动之后，周围的元素会重新排列，为了避免这种情况，使用 clear 属性。clear 属性指定元素两侧不能出现浮动元素。使用空元素清除浮动：在浮动元素之后插入一个空元素，并设置其清除浮动。这个空元素可以是一个空的< div >元素，详细代码如下：

```
< div style = "clear：both;"></div>
```

2. position 属性

CSS 的 position 属性用于指定元素在文档中的定位方式,常用的取值有四种:static、relative、fixed 和 absolute,下面将一一介绍。

1) Static

HTML 元素默认情况下的定位方式为 static(静态)。静态定位的元素不受 top、bottom、left 和 right 属性的影响。position:static;的元素不会以任何特殊方式定位;它始终根据页面的正常流进行定位。

➤ 示例 8.9:使用 position:static 定位,结果如图 8-3 所示。

详细代码如下:

```
div.static{
    position:static;
    border:3px solid #73AD21;
}
```

这个 <div> 元素设置了 position: static;

图 8-3　position:static 定位结果图

2) Relative

Relative(相对定位):相对定位会相对于元素在文档流中的原始位置进行定位,设置相对定位的元素的 top、right、bottom 和 left 属性将导致其偏离其正常位置进行调整。不会对其余内容进行调整来适应元素留下的任何空间。

➤ 示例 8.10:使用 position:relative 定位,结果如图 8-4 所示。

详细代码如下:

```
div.relative {
    position:relative;
    left:30px;
    border:3px solid #73AD21;
}
```

这个 div 元素设置 position: relative;

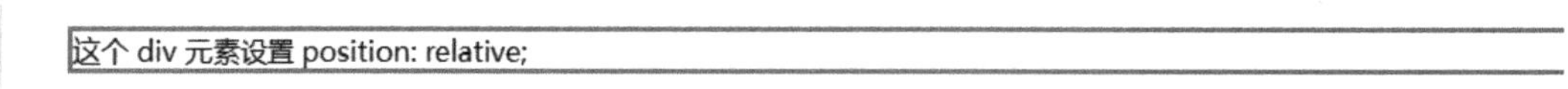

图 8-4　position:realtive 定位结果图

3) Fixed

Fixed(固定定位):固定定位会相对于视口进行定位,即使页面滚动,元素也会固定在视口的某个位置上,这意味着即使滚动页面,它也始终位于同一位置。top、right、bottom 和 left 属性用于定位此元素,固定定位的元素不会在页面中通常应放置的位置上留出空隙。

➢ 示例 8.11：使用 position：fixed 定位，结果如图 8-5 所示。

详细代码如下：

```
div.fixed{
    position：fixed；
    bottom，0；
    right，0；
    width，300px；
    border，3px solid ＃73AD21；
}
```

> 这个 div 元素设置 position: fixed;

图 8-5   position：fixed 定位结果图

4）Absolute

Absolute（绝对定位）：绝对定位会相对于最近的已定位祖先元素（父元素或更高级别的祖先元素）进行定位，如果没有已定位的祖先元素，则相对于初始包含块（通常是浏览器窗口）进行定位。绝对定位会脱离文档流，因此不会占据原始位置。

➢ 示例 8.12：使用 position：Absolute 定位，结果如图 8-6 所示。

详细代码如下：

```
div.relative{
    position，relative；
    width，400px；
    height，200px；
    border，3px solid ＃73AD21；
}

div.absolute{
    position，absolute；
    top，80px；
    right，0；
    width，200px；
    height，100px；
    border，3px solid ＃73AD21；}
```

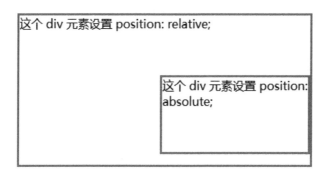

图 8-6　position：absolute 定位结果图

8.3　边缘计算网关软件

边缘计算网关软件的硬件基于天坤 IPC2113F 工控机,该型工控机搭载了飞腾 FT2000/4 核处理器。边缘计算网关程序包括前端和后端程序,前端采用 HTML5＋CSS 设计用于网关参数配置和规则设置,后端完成边缘网关的任务调度流程,在本节将详细介绍该网关软件前端。

边缘计算网关界面主要由三个主视界面构成,分别是系统配置、规则配置以及设备监控界面。

8.3.1　系统配置

在系统配置显示界面中,可以分别显示和配置网关配置参数、上行设备配置参数和下行设备配置参数,并能实时显示上行设备和下行设备的连接状态等信息。如图 8-7 所示。

在网关配置栏中(如图 8-8 所示),主要对于网关本体的网络参数进行配置,可配置网关的"名称""IP""端口""子网掩码"和"默认网关"等参数,在保存配置后参数生效。

在上行设备配置界面中(如图 8-9 所示),主要对网关的上行设备进行网络参数配置,可以配置上行设备的"名称""IP""端口""网络协议""从属关系"和"协议模板"等信息,在保存配置后参数生效。

网关的"名称"可自由定义,网关和上、下行设备基于 TCP/IP 协议进行连接,需要配置正确的"IP""端口""子网掩码"和"默认网关",保证接入设备和网关工作在同一网段下,端口无其他占用。

配置完成后可通过连接和断开按钮选择是否连接设备,可通过状态灯观察上行设备当前的连接状态。

注意,在配置上行设备参数时,需要提前于规则配置界面中配置上行设备协议后,才能在"协议模板"选项中选择对应的协议。

图 8-7　边缘计算网关系统配置显示界面

图 8-8　系统配置的网关配置界面

图 8-9　系统配置的上行设备配置界面

　　在下行设备配置界面中(如图 8-10 所示),主要对网关的下行设备进行网络参数配置。下行设备可以配置多个设备同时进行转发。

图 8-10　系统配置的下行设备配置界面

在点击新增后,界面弹出新增下行设备子界面(如图 8-11 所示),可以增加一个下行设备,并配置下行设备的"名称""IP""端口""网络协议""从属关系"和"协议模板",点击提交后保存参数。注意,需要提前于规则配置界面中配置下行设备协议后,才能在"协议模板"选项中选择对应的协议。

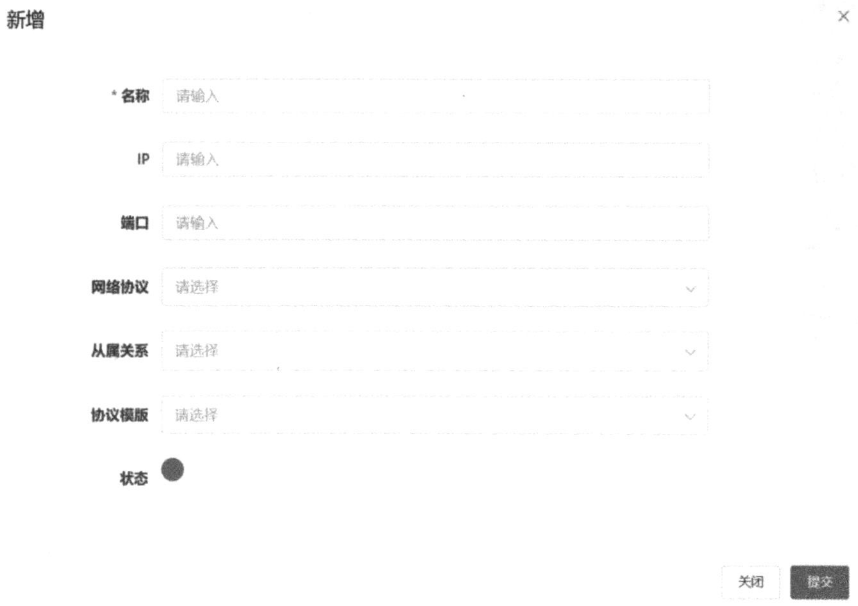

图 8-11　下行设备配置中的新增界面

在保存下行设备参数后,可在下行设备配置栏中看到保存的设备参数,此时可通过点击对应设备后的更多按钮(如图 8-12),选择"断开""连接""编辑"和"删除"操作状态指示灯显示当前的连接状态。

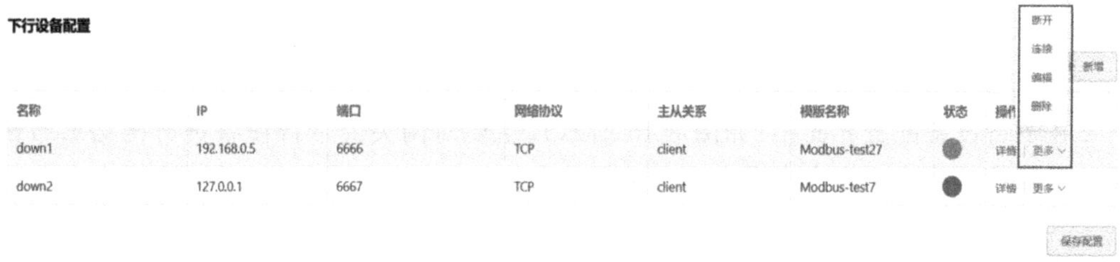

图 8-12　下行设备配置中的更多按钮

8.3.2　规则配置

在规则配置界面中,可选择规则配置模板、新增规则配置、上传规则配置和导出规则配置,如图 8-13 所示。

图 8-13　规则配置界面

点击新增规则配置按钮,输入规则名称并选择基础模板后,提交后可以增加一个新的规则模板,如图 8-14 所示。"名称"由用户自由定义,"基础模板"用于选择隶属于哪种通信协议,暂时只有 ModBus 或 104 协议。

图 8-14　新增规则配置界面

选择规则配置模板后,在下方出现规则内容详情(如图 8-15 所示),可以新增规则内容或对现有规则内容进行修改,如图 8-16 所示。

图 8-15　规则详情界面

新增　　　　　　　　　　　　　　　　　　　　　　　　　　　　　　　　　　　×

* 名称	请输入
	请输入合同名称
虚拟内存起始地址	请输入
虚拟内存终止地址	请输入
公共地址	请输入
信息地址/寄存器地址	请输入
装置序号	请输入

关闭　　提交

图 8-16　新增规则内容界面

选择新增协议的类别后,点击新增,显示新增界面子菜单,在子菜单中可以配置每个信息体的"名称""虚拟内存起始地址""虚拟内存终止地址""公共地址""信息地址/寄存器地址"和"装置序号"等信息。

公共地址、信息地址和装置序号由用户自由定义。"虚拟内存起始地址""虚拟内存终止地址"表示该信息体在网关虚拟内存区域的存储位置,需要用户根据信息体的大小分配合适的内存。需要注意下行设备的信息体不能分配同一内存地址,否则可能造成数据错误。下行设备配置好虚拟内存地址后,网关接收到下行设备上传的数据,就会将信息体自动写入到虚拟内容中。上行设备配置好虚拟内存地址后,网关将按照配置将虚拟内存地址中的信息体打包成新协议,发送给上行设备。配置完成后,点击提交后可以保存此条规则内容。

"点击上传"功能可以导入本地规则配置数据,实现批量上传协议内容。"导出文件"功能可以将当前选择的规则配置导出到本地,方便规则配置的迁移。

8.3.3　设备监控

设备监控界面可以对任意上行设备报文数据或下行设备报文数据进行监控,并可以针对重点字节进行过滤,如图 8-17 所示。

图 8-17　设备监控详情界面

参 考 文 献

[1] 申丰山,王黎明. 操作系统原理与 LINUX 实践教程[M]. 北京:电子工业出版社,2016.

[2] 何磊. IEC61850 应用入门[M]. 北京:中国电力出版社,2012.

[3] 尤晋元. UNIX 操作系统教程[M]. 西安:西安电子科技大学出版社,1996.

[4] 陈莉君. Linux 操作系统内核分析[M]. 北京:人民邮电出版社,2000.

[5] 何尚平,陈艳,万彬,辜小花. 嵌入式系统原理与应用[M]. 重庆:重庆大学出版社, 2019.

[6] 刘洪涛,苗德行,杨新蕾,刘飞. 嵌入式 Linux C 语言程序设计基础教程[M]. 北京: 人民邮电出版社,2017.

[7] 刘洪涛,高明旭,熊家,于博. 嵌入式操作系统[M]. 北京:人民邮电出版社,2017.

[8] 朱有鹏,张先凤. 嵌入式 Linux 与物联网软件开发[M]. 北京:人民邮电出版社, 2016.

[9] 朱兆祺,李强,袁晋蓉. 嵌入式 Linux 开发实用教程[M]. 北京:人民邮电出版社, 2014.

[10] 华清远见嵌入式学院,曾宏安,冯利美. 嵌入式应用程序设计综合教程[M]. 北京: 人民邮电出版社,2014.

[11] 陈勇,杨战民,丁龙刚,姜仲秋,蔡阳波,覃章健,田广东,尹云飞. 龙芯嵌入式系统 开发及应用实战[M]. 南京:东南大学出版社,2016.

[12] P. Raghavan,Amol Lad,Sriram Neelakandan. Embedded Linux System Design and Development[M]. Oxford:Taylor and Francis,2012.